MYTHOS U17

VOM MARINE-EINSATZ ZUM MUSEUMS-EXPONAT

Hans Karr (Hrsg.)

Motor buch Verlag

Einbandgestaltung: Sven Rauert

Bildnachweis: Die zur Illustration dieses Buches verwendeten Aufnahmen stammen, wenn nicht anders vermerkt, aus dem Archiv des Autors.

ISBN 978-3-613-04716-7

1. Auflage 2024

Sie finden uns im Internet unter www.motorbuch-verlag.de

Lektorat: Bernd Keidel
Innengestaltung: WS – WerbeService Linke, 76185 Karlsruhe
Druck und Bindung: Graspo CZ, 763 02 Zlín
Printed in Czech Republic

Inhalt

U23

Teil 1

Die U-Boote der Bundesmarine und der Deutschen Marine

Zur Vorgeschichte der Bundesmarine und der neuen deutschen U-Bootwaffe

Nach der Niederringung des Deutschen Reiches war auch bald die Eintracht unter den Kriegsalliierten zu Ende. Zu unterschiedlich waren die Ansichten und Interessen der westlichen Siegermächte und die der Sowjetunion. Insbesondere die Berlin-Krise (1948 / 1949) und der Korea-Krieg (1950 bis 1953) zeigten wie labil die internationale Lage tatsächlich war. Zwei Blöcke hatten sich gebildet. Auf der einen Seite die westlichen Demokratien und auf der anderen Seite der kommunistisch geprägte Machtbereich der Sowjetunion. Vor dem Hintergrund dieser gefährlichen außen- und sicherheitspolitischen Weltlage sowie der krisenhaften Situation in Europa und im geteilten Deutschland kam es schon bald zu ersten Überlegungen für die Aufstellung neuer deutscher Streitkräfte. Vor allen Dingen in den USA gab es frühzeitig Stimmen, die eine westdeutsche Beteiligung an der Verteidigung Europas einforderten.

Im Oktober 1950 berieten unter strenger Geheimhaltung im Kloster Himmerod in der Eifel 15 hochrangige ehemalige Offiziere der Wehrmacht über einen künftigen deutschen Verteidigungsbeitrag. Das Ergebnis dieser Beratungen ist in der Himmeroder Denkschrift niedergelegt, in der auch neue deutsche Seestreitkräfte, insbesondere für die Küstenvorfeldverteidigung, vorgesehen waren. Bei einer Stärke von 15.000 bis 19.000 Mann wurden im Einzelnen folgende Einsatzmittel als notwendig erachtet:

- 24 kleine U-Boote
- 12 Geleitboote
- 12 Torpedoboote
- 12 U-Jagdboote
- 36 Schnellboote
- 60 Minensuchboote
- 35 Kriegsfischkutter
- Marineflieger

Damit lag erstmals seit Ende des Krieges ein Entwurf für eine neue deutsche Marine vor. Doch dieser Vorschlag blieb nicht der Einzige. Konteradmiral a.D. Gerhard Wagner verfasste im März 1951 die Denkschrift »Aufbau eines deutschen Marinekontingents im Rahmen deutscher Mitwirkung an der Verteidigung Westeuropas«. Wagner war Mitglied des Naval Historical Team (NHT), eine von der amerikanischen

Die Dienstflagge der Seestreitkräfte der Bundesrepublik Deutschland. (Foto: Archiv Autor)

Marine im April 1949 in Bremerhaven aufgestellte Gruppe deutscher Marineoffiziere, die aus deutscher Sicht das Marine-Kriegsgeschehen aufarbeiten sollten, wobei die Amerikaner besonders an den Erfahrungen aus dem Seekrieg mit der Sowjetunion Interesse zeigten. Das NHT war dem amerikanischen Marinenachrichtendienst Office of Naval Intelligence unterstellt.

Wagners Denkschrift diente bei den Verhandlungen zur Europäischen Verteidigungsgemeinschaft (EVG) den deutschen Vertretern als Grundlagenpapier für den deutschen maritimen Beitrag zu den geplanten europäischen Streitkräften. Als Ergebnis dieser Verhandlungen sollte das deutsche Kontingent dann wie folgt aussehen:

- 18 Geleitboote
- 60 Schnellboote
- 60 Minensuchboote (aktiv)
- 85 Minensuchboote (Reserve)
- 2 Minenleger

- 36 Landungsboote
- 10 Hafenschutzboote (aktiv)
- 40 Hafenschutzboote (Reserve)
- Marineflieger

Als Aufgabe für die deutschen Marineanteile war die Küstenverteidigung in Schleswig-Holstein, die Sicherung der Seewege in den Ostseezugängen, die Minenabwehr in der westlichen Ostsee und der Deutschen Bucht sowie die Sicherung der deutschen Nordseehäfen vorgesehen. Auffallend ist das Fehlen von Zerstörern und U-Booten, die auf französisches Drängen aus den ursprünglichen deutschen Verhandlungsvorschlägen herausgestrichen wurden, da sie für das vorgesehene Aufgabenspektrum nicht als notwendig erachtet wurden.

Zu einer Umsetzung dieser Planung sollte es jedoch nicht kommen. Im August 1954 lehnte die französische Nationalversammlung die Ratifizierung des EVG-Vertrages ab und damit scheiterte das gesamte Projekt.

In einer anderen politischen Lösung kam es dann im Rahmen der Pariser Verträge zur Aufnahme der Bundesrepublik Deutschland zum einen in die Westeuropäische Union (WEU) und zum anderen am 9. Mai 1955 als 15. Mitglied in die NATO (North Atlantic Treaty Organization).

Für die neu aufzustellende deutsche Marine setzte die WEU die nachfolgend aufgelisteten Schiffs- und Bootstypen und deren Höchststärke fest, wobei es aber auch Auflagen hinsichtlich Tonnage, Ausrüstung und Bewaffnung gab.

- 12 U-Boote
- 12 Zerstörer
- 6 Geleitboote
- 40 Schnellboote
- 6 große Minensuchboote
- 18 Küstenminensuchboote
- 30 Minenräumboote
- 2 Minenschiffe
- 36 Landungsboote
- 10 Hafenschutzboote
- 58 Marineflugzeuge

Man beachte: Zerstörer und U-Boote waren jetzt wieder für das deutsche Marinekontigent vorgesehen. Die Bereitstellung und Unterhaltung dieser Seestreitkräfte fanden im Deutschen Bundestag die Zustimmung. Damit war die Grundlage für den unmittelbar danach beginnenden Neuaufbau einer neuen deutschen Marine, in der auch wieder U-Boote im Bestand vorgesehen waren, vorhanden. Sie führte bis in die 1990er Jahre die Bezeichnung Bundesmarine und danach Deutsche Marine.

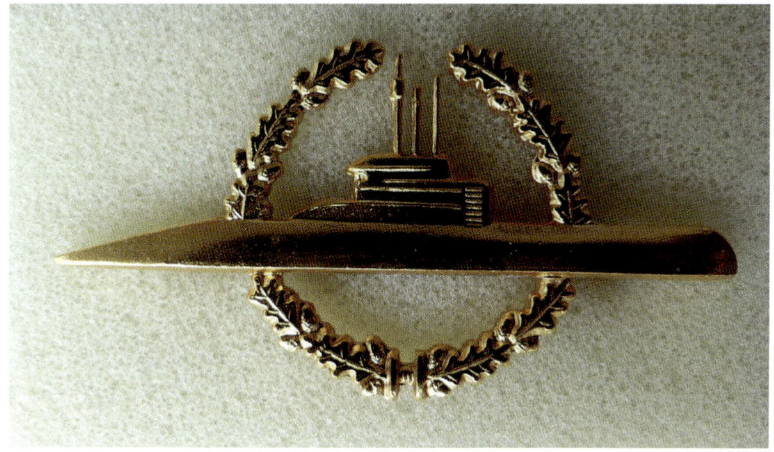

Das U-Bootabzeichen der Bundesmarine und der Deutschen Marine. (Foto: Hans Karr)

»Hai« und »Hecht« / Klasse 240

Das U-Boot »U 2365« - hier scheinbar vorsorglich schon mal als »U 1« bezeichnet - nach seiner Hebung. (Foto: Deutscher Marinebund)

Nach dem NATO-Beitritt der Bundesrepublik Deutschland genehmigte im Juli 1955 der Deutsche Bundestag den ersten Schiffbauplan, der auch zwölf U-Boote vorsah. Da die U-Boote erst noch konstruiert und gebaut werden mussten, beschloss man daher als erste Maßnahme zwei im Mai 1945 versenkte U-Boote des Typs XXIII der Kriegsmarine zu heben, diese instand zu setzen und bis zum Zulauf der Neubauten als Schulboote zu verwenden.

Am 4. Mai 1945 verließ das am 2. März in Dienst gestellte U-Boot »U 2365« die Geltinger Bucht mit Zielhafen Kristiansand. Während des Überwassermarsches wurde das Boot im Kattegat von englischen Fliegern mehrfach angegriffen. Die entstandenen leichten Schäden konnten auf Grund liegend mit Bordmitteln behoben werden. Angesichts des sich abzeichnenden Kriegsendes versenkte die Besatzung am 8. Mai ihr Boot nördlich der Insel Anholt. Elf Jahre später tauchte im Juni 1956 das U-Boot an den Trossen des Bergungskrans »John Beckedorf« wieder auf.

U-Boot »Hai«			
Bord-Nr.	UW 20, S 170		
Bauwerft	Deutsche Werft, Hamburg		
Baudaten	**Kiellegung**	**Stapellauf**	**in Dienst**
	06.12.44	26.01.45	02.03.45, 15.08.57
Verbleib	am 14. September 1966 im Sturm gesunken, nach Bergung und Untersuchung der Unglücksursache abgewrackt		

Das wiederhergestellte U-Boot »U 2365« strahlt in neuem Glanz und wird nach der Instandsetzung wieder zu Wasser gelassen. Rechts im Bild ist das noch unfertige Schwesterboot »U 2367« zu sehen. Als »Hai« und »Hecht« kommen die beiden U-Boote bei der neu aufgestellten Bundesmarine wieder in Fahrt. (Foto: Howaldtswerke)

U-Boot »Hai«. (Foto: Deutsche Marine)

Das am 17. März 1945 in Dienst gestellte U-Boot »U 2367« wurde in der Kieler Bucht während eines Fliegerangriffs von einem anderen Boot am Heck gerammt und musste zur Instandsetzung. Vor der Besetzung Kiels durch die Engländer wich das Boot am 2. Mai in die Flensburger Förde aus. Nach der Kapitulation versenkte die Besatzung am 9. Mai ihr Boot südöstlich des Leuchtturms Schleimünde. Im August 1956 wurde auch dieses U-Boot wieder gehoben.

Die beiden U-Boote waren trotz der langen »Tauchphase« in erstaunlich gutem Zustand und kamen zu den Howaldtswerken nach Kiel zur Wiederinstandsetzung. Öl- und Schlammablagerungen hatten vor Korrosion geschützt. Erneuert werden mussten lediglich die feuchtigkeitsempfindlichen elektrischen Einrichtungen und das Kabelnetz. Nur einer Überholung bedurften die Antriebsmaschinen, andere maschinenbaulichen Elemente und die Sehrohre. Selbst die Elektro-Fahrmotoren waren nach gründlicher Reinigung und Neuwicklung wieder verwendbar. In fast ursprünglicher Ausführung wieder hergestellt, nur der Bugbereich war zur Aufnahme eines Sonars etwas verändert worden, erfolgten am 15. August 1957 und am 1. Oktober 1957 unter den Namen »Hai« und »Hecht« die erneuten Indienststellungen von ex »U 2365« und ex »U 2367«.

Gebaut wurden die rund 35 Meter langen U-Boote 1944 / 1945 auf der Deutschen Werft in Hamburg. Sie sind Einhüllenkonstruktionen, das

Das U-Boot »Hai« mit alter und ... (Foto: Deutscher Marinebund)

... neuer Turmform. (Foto: Deutsche Marine)

heißt der Druckkörper ist zugleich die Außenhaut. Der Bootskörper war in drei Abteilungen unterteilt. Ihre ↑/↓-Verdrängung betrug 233 / 275 Tonnen. Weiteres Baumerkmal ist die beim Typ XXIII angewandte Sektionsbauweise, bei der vier unterschiedliche Rohsektionen von außerhalb durch Stahlbaufirmen vorgefertigt und der Werft zum Zusammenbau und zur Endausrüstung zugeliefert wurden. Diese Bausektionen gliederten sich schiffbaulich wie folgt:

- Sektion I — Heck
- Sektion II — Maschinenraum
- Sektion III — Zentrale und vorderer Wohnraum
- Sektion IV — Bug

Bis zum Kriegsende waren insgesamt 62 U-Boote des Typs XXIII in Dienst gestellt worden. Stationiert wurden sie in Norwegen und in Norddeutschland. Vermutlich sind noch zehn U-Boote auf Feindfahrt gegangen. Keines der Boote ging dabei verloren. Allerdings gerieten aus anderen Gründen sieben Boote in Verlust. Insgesamt fünf alliierte Schiffe haben die U-Boote des Typs XXIII in ihrer kurzen Einsatzperiode noch versenkt.

Bei Unterwasserfahrt wies der Typ XXIII dank seiner optimalen Konstruktionsformen gute Fahreigenschaften auf. Im Überwasserbetrieb hatte er jedoch ein ungünstiges Seeverhalten. Der Typ XXIII war für eine maximale Tauchtiefe von 160 Meter ausgelegt.

Als Antrieb standen für die Überwasser- und Schnorchelfahrt ein Dieselmotor und für die Unterwasserfahrt ein Elektro-Fahrmotor zur Verfügung. Für Schleichfahrt war ein zusätzlicher Elektro-Fahrmotor vorhanden, der über einen Keilriemen auf die Welle wirkte. Die U-Boote hatten eine hohe Unterwasserausdauer und erreichten eine ↑/↓-Geschwindigkeit von 9,5 / 12,5 Knoten. Im Schnorchelbetrieb konnte eine Fahrt von maximal 10,75 Knoten erreicht werden.

Der Gedenkstein zur Erinnerung an das Unglück vom U-Boot »Hai« im Marinestützpunkt Eckernförde. (Foto: Hans Karr)

Bewaffnet waren die U-Boote des Typs XXIII mit lediglich zwei 533-mm-Torpedorohren. Eine Mitnahme von Reservetorpedos war aufgrund der beengten Verhältnisse und der geringen Abmessungen des Bootes nicht möglich.

Da die Ubootflottille noch nicht existierte, wurden »Hai« ex »U 2365« und »Hecht« ex »U 2367« zunächst dem Kommando der Amphibischen Streitkräfte unterstellt. Amtsintern erhielten sie die Typenbezeichnung U-Boot Klasse 240. Sie fanden bis 1960 als Zielschiffe in der U-Jagdausbildung Verwendung. Danach dienten sie als Schulboote in der neu aufgestellten Ubootlehrgruppe. Fast alle U-Bootfahrer der neuen deutschen Marine erhielten bis Mitte der 1960er Jahre auf ihnen ihre Bordausbildung.

In Jahren 1961 und 1963 erfolgten bei der Hamburger Werft Blohm+Voss mehrere Umbauten, um die beiden U-Boote den zulaufenden Neubauten anzupassen. Unter anderem wurde die Turmverkleidung in eine strömungsgünstigere Form verändert. Außerdem erhielten die U-Boote 1963 eine neue und auf die im Zulauf befindlichen Neubauten abgestimmte Antriebsanlage mit diesel-elektrischem Betrieb, wozu sie auf 36,13 Meter verlängert werden mussten.

Am 14. September 1966 gegen 18:00 Uhr kam es 138 Seemeilen nordwestlich von Helgoland auf Position 55° 15' N 004° 22' O zu einem tragischen Unglück. Bei schwerem Wetter sank »Hai« infolge eines Wassereinbruchs. Das Boot befand sich zu diesem Zeitpunkt in einem Ausbildungsverband und war auf dem Überwassermarsch nach Aberdeen. Nur ein Besatzungsmitglied konnte gerettet werden, nachdem es 13 Stunden im Wasser getrieben hatte. Zehn Tage nach dem Unglück, bei dem die Marine ihr erstes Schiff verloren hatte, wurde die »Hai« vom Schwimmkran »Magnus III« gehoben. Das Boot wurde anschließend zur Untersuchung der Unglücksursache zu den Rheinstahl-Nord-

Das U-Boot »Hecht« mit alter und ... (Foto: Deutscher Marinebund)

... neuer Turmform. (Foto: Deutsche Marine)

Das wiederhergestellte U-Boot »U 2367« setzte am 1. Oktober 1957 als »Hecht« erneut Flagge und Wimpel. (Foto: Deutsche Marine)

U-Boot »Hecht«			
Bord-Nr.	UW 21, S 171		
Bauwerft	Deutsche Werft, Hamburg		
Baudaten	**Kiellegung**	**Stapellauf**	**in Dienst**
	11.12.44	23.02.45	17.03.45, 01.10.57
Verbleib	am 30. September 1968 außer Dienst gestellt und anschließend abgewrackt		

Eine extreme Enge herrschte auf den U-Booten »Hai« und »Hecht«. (Foto: Deutsche Marine)

U-Boote »Hai« und »Hecht«	
Typbezeichnung	Klasse 240
Verdrängung ↑/↓	233 t / 275 t
Länge x Breite x Tiefgang	34,68 x 3,08 x 3,66 m
Tauchtiefe	160 m
Besatzungsstärke	17
Antrieb	1 x Dieselmotor, 1 x Elektro-Fahrmotor, 1 x Elektro-Fahrmotor für Schleichfahrt
Antriebsleistung	1 x 600 PS, 1 x 427 kW, 1 x 26 kW
Wellen / Ruder	1 / 1
Geschwindigkeit ↑/↓	9,5 kn / 12,5 kn
Fahrstrecke ↑/↓	1350 sm bei 9 kn / 110 sm bei 6 kn
Torpedorohre	2 x 533 mm
Radar	1 x Navigationsradar
Sonar	1 x Bugsonar
Elektronik	Navigations- und Fernmeldeanlagen
Ausrüstung	Sehrohr, Schnorchel

seewerken nach Emden verbracht und nach deren Abschluss zum Abbruch freigegeben.

Das Unglück der »Hai« bedeutet letztendlich auch für das Schwesterboot das Aus. Am 30. September 1968 ging »Hecht« außer Dienst, um anschließend in Kiel ebenfalls abgebrochen zu werden. Damals hatte man leider noch keinen Sinn und auch kein Interesse daran schiffbauliche Meilensteine, wie sie die U-Boote des Typs XXIII zweifelsohne darstellten, für museale Zwecke und für die Nachwelt zu erhalten.

Die U-Boote »Hai« und »Hecht« vor dem Umbau. (Foto: Deutscher Marinebund)

Die U-Boote »Hai« und »Hecht« während der Umbauarbeiten 1963 auf der Werft Blohm+Voss in Hamburg. (Foto: Blohm+Voss)

Kapitel 3

»Wilhelm Bauer« / Klasse 241

Die Hebung des 1945 selbst versenkten U-Bootes »U 2540« erfolgte im Juni 1957. (Foto: Deutscher Marinebund)

Nachdem die Bergungen und Instandsetzungen der U-Boote »U 2365« und »U 2367« so erfolgreich verlaufen waren, holte im Juni 1957 in eigener Initiative die Hamburger Bergungsreederei Bugsier mit ihren Hebeschiffen »Energie« und »Ausdauer« das selbstversenkte U-Boot »U 2540« wieder an die Oberfläche. Da das Verteidigungsministerium sein Interesse an einer späteren Übernahme des überraschend gut erhaltenen Bootes signalisiert hatte, kauften die Howaldtswerke kurz entschlossen das Boot, um es wieder für die Bundesmarine instand zu setzten.

»U 2540« bzw. »Wal« wie es zwischenzeitlich in Anlehnung an die mittlerweile schon im Zulauf befindlichen U-Boote »Hai« und »Hecht« genannt wurde, wurde anschließend von der Marine angekauft, um als Versuchsfahrzeug und Erprobungsplattform für neue U-Booteinrichtungen hergerichtet zu werden. Im November 1958 begannen die Umbauarbeiten und am 1. September 1960 stellte das Boot als »Wilhelm Bauer« - der Name erinnert an den ersten deutschen U-Bootskonstrukteur - erneut in Dienst. Wegen der Bootsgröße bedurfte es hierzu einer Sondergenehmigung der Westeuropäischen Union. Die »Wilhelm Bauer« durfte ausschließlich nur für Versuchs- und Erprobungszwecke verwendet werden.

Zum ersten Mal setzte »U 2540« am 24. Februar 1945 Flagge und Wimpel. Es folgten Seeerprobungen und die Frontausbildung im Seegebiet um Bornholm. Das Boot kam aber anschließend nicht mehr zum Kriegseinsatz. Am 4. Mai 1945 versenkte die Besatzung das U-Boot in der Nähe vom »Flensburg Feuerschiff«.

»U 2540« war ein Zweihüllenboot des Typs XXI und war für die Atlantik-Kriegführung entworfen worden. Es entstand 1944 / 1945 auf der Hamburger Werft Blohm+Voss. Das U-Boot hatte sieben Abteilungen und einen 8-förmigen Druckkörper. Seine ↑/↓-Verdrängung betrug 1621 / 1819 Tonnen, die Tauchtiefe 240 Meter. Der Antrieb erfolgte über Wasser durch zwei Dieselmotoren und getaucht durch zwei Elektro-Fahrmotoren. Zudem waren zwei Elektro-Fahrmotoren für Schleichfahrt vorhanden. Damit erreichte das U-Boot mit seinen beiden Wellen eine ↑/↓-Geschwindigkeit von 13 / 17 Knoten.

Genau wie der Typ XXIII zählte diese U-Bootentwicklung gegen Ende des Krieges weltweit zu den technisch fortschrittlichsten und innovativsten U-Bootkonstruktionen. Durch eine große Batterieanlage und leistungsstarke Elektro-Fahrmotoren sowie durch die aquadynamisch günstige Rumpfform war der Typ XXI als reines Unterwasserfahrzeug konzipiert. Mit den ab Frühjahr 1944 auf Kiel gelegten U-Booten des Typs XXI erhoffte man sich noch eine Wende im U-Bootkrieg, doch sie kamen zu spät und hatten keinen Einfluss mehr auf das Kriegsgeschehen. Insgesamt entstanden noch 118 Einheiten.

Auch beim Bau des Typs XXI ging man unkonventionelle Wege. Wie bei den U-Booten des Typs XXIII wurden vorgefertigten Sektionen in verschiedenen Orten durch Stahlbaubetriebe hergestellt und dann auf der eigentlichen Bauwerft zum fertigen U-Boot zusammengefügt und endausgerüstet. Diese Bausektionen waren schiffbaulich wie folgt aufgegliedert:

- Sektion I — Heck
- Sektion II — E-Maschinenraum
- Sektion III — Dieselmaschinenraum
- Sektion IV — Mannschaftswohnraum

U-Boot »Wilhelm Bauer«. (Foto: Deutsche Marine)

Die »Wilhelm Bauer« bei hoher Überwasserfahrt. (Foto: Deutscher Marinebund)

- Sektion V — Zentrale
- Sektion VI — vordere Wohnräume
- Sektion VII — Torpedolagerraum
- SektionVIII — Bug
- Sektion IX — Turmaufbau

Es war nicht ungewöhnlich, dass an einem Bauort mehrere gleiche Sektionen lagen und auf den Abtransport in die Werft warteten. Dabei bestand allerdings die Gefahr, dass bei einem Bombenangriff gleich der Bau einer größeren Anzahl von U-Booten auf einen Schlag über Nacht in Frage gestellt werden konnte.

Die »Wilhelm Bauer« beim Anlegemanöver. (Foto: Deutsche Marine)

Der Diesel-Motorenraum der »Wilhelm Bauer«. (Foto: Hans Karr)

Die Antriebsanlage der »Wilhelm Bauer« wurde im Laufe der Indiensthaltung umgerüstet und an diejenige der neuen U-Boote angeglichen. Sie war auch nur mit vier 533-mm-Torpedorohren ausgestattet. Als »U 2540« waren deren sechs vorhanden. Zur weiteren Ausrüstung zählten eine Kampfschwimmerschleuse, Navigationsradar und eine Sonaranlage sowie wechselnd verschiedene Erprobungseinrichtungen.

Amtsintern als U-Boot Klasse 241 bezeichnet war die »Wilhelm Bauer« zunächst dem Schiffserprobungskommando in Kiel zugeordnet. Im Dezember 1962 wechselte die Unterstellung zur Ubootlehrgruppe in Neustadt / Holstein. Nach einer zwischenzeitlichen Außerdienststellung zu Umbauten, wurde die »Wilhelm Bauer« am 20. Mai 1970 von dem Bundesamt für Wehrtechnik und Beschaffung übernommen und jetzt mit ziviler Besatzung in Eckernförde als Erprobungsfahrzeug stationiert.

Zehn Jahre blieb die »Wilhelm Bauer« in dieser Funktion noch aktiv. Am 18. November 1980 verholt das Boot in das Marinearsenal nach Wilhelmshaven und wird dort bis zu seiner endgültigen Außerdienststellung am 15. März 1982 aufgelegt. Altersschwächen hatten sich bemerkbar gemacht. Zwei Kollisionen – mit Zerstörer »Lütjens« am 27. April 1976 und mit Zerstörer »Z 3« am 6. Mai 1980 – sowie Seeschäden bei Erprobungen im Frühjahr 1980 hatten ihre Spuren hinterlassen. Die Zeit für die »Wilhelm Bauer« war damit scheinbar endgültig abgelaufen.

Auf der »Wilhelm Bauer« waren vier 533-mm-Bugtorpedorohre eingerüstet. (Foto: Hans Karr)

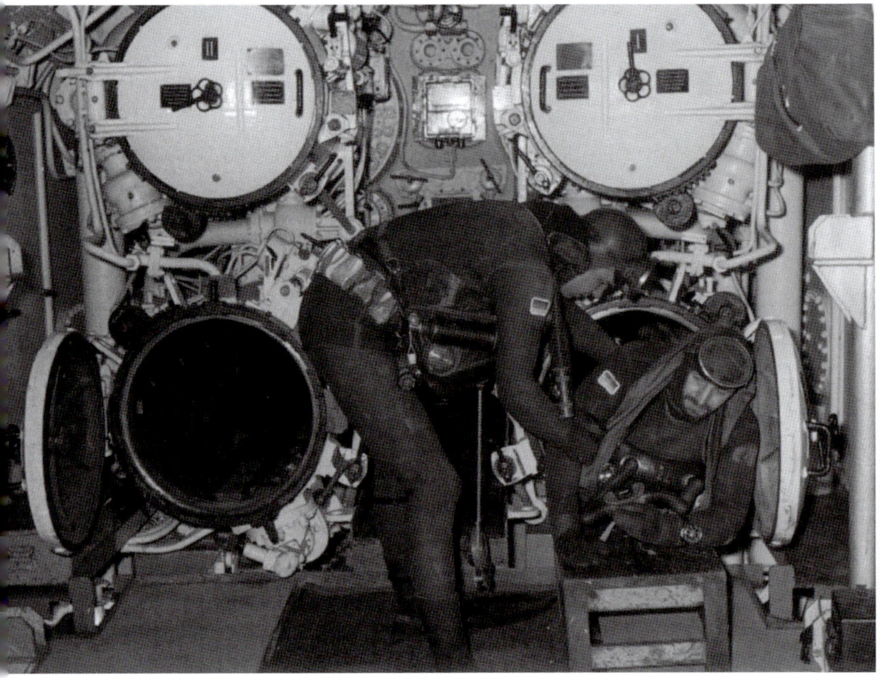

Kampfschwimmer werden zu Übungszwecken über die Torpedorohre der »Wilhelm Bauer« ausgeschleust. (Foto: Deutsche Marine)

Der in den Originalzustand von 1945 zurückgebaute Turm des Technikmuseums »Wilhelm Bauer«. (Foto: Hans Karr)

Der Turm der »Wilhelm Bauer« zu Zeiten als Erprobungsboot. (Foto: Deutsche Marine)

Am 15. Juni 1983 erfolgte der Ankauf der »Wilhelm Bauer« durch das Kuratorium Deutsches Schiffahrtsmuseum. Am 4. August 1983 kam das Boot nach Bremerhaven in die Werft. Nach dem Rückbau in den Originalzustand von 1945 wurde es am 27. April 1984 offiziell als Technikmuseum eröffnet und liegt seither als Besuchermagnet im Alten Hafen beim Deutschen Schiffahrtsmuseum in Bremerhaven.

U-Boot »Wilhelm Bauer«			
Bord-Nr.	Y 880		
Bauwerft	Blohm+Voss, Hamburg		
Baudaten	**Kiellegung**	**Stapellauf**	**in Dienst**
	29.10.44	13.01.45	24.02.45, 01.09.60
Verbleib	am 15. März 1982 außer Dienst gestellt, ab April 1984 Museumsschiff in Bremerhaven		

Das Technikmuseum »Wilhelm Bauer« an seinem heutigen Liegeplatz im Alten Hafen von Bremerhaven gegenüber dem Deutschen Schiffahrtsmuseum. (Fotos: Hans Karr)

U-Boot »Wilhelm Bauer«	
Typbezeichnung	Klasse 241
Verdrängung ↑/↓	1621 t / 1819 t
Länge x Breite x Tiefgang	76,70 x 6,60 x 6,32 m
Tauchtiefe	240 m
Besatzungsstärke	57
Antrieb	2 x Dieselmotor, 2 x Elektro-Fahrmotor, 2 x Elektro-Fahrmotor für Schleichfahrt
Antriebsleistung	2 x 2000 PS, 2 x 1839 kW, 2 x 83 kW
Wellen / Ruder	2 / 2
Geschwindigkeit ↑/↓	13 kn / 17 kn
Fahrstrecke ↑/↓	14.100 sm bei 10 kn / 285 sm bei 6 kn
Torpedorohre	4 x 633 mm
Radar	1 x Navigationsradar
Sonar	je nach Erprobungsprogramm wechselnde Einrüstung
Elektronik	Navigations- und Fernmeldeanlagen, verschiedene Erprobungsanlagen
Ausrüstung	Sehrohr, Schnorchel

Kapitel 4

»U 1«-Klasse / Klasse 201

Das U-Boot »U 1« bei vermutlich Erprobungsfahrten vor der Indienststellung. (Foto: Deutsche Marine)

Schon bei den ersten Vorüberlegungen und Planungen für neu aufzustellenden deutschen Seestreitkräfte war die Beschaffung von U-Booten vorgesehen. In der Himmeroder Denkschrift aus dem Oktober 1950 wird eine Zahl von 24 kleineren Booten genannt. Sie sollten zum Schutz der westlichen Ostseeküsten eingesetzt werden. Im Falle eines Falles sollten sowjetische Angriffsunternehmungen abgewehrt und der sowjetische Nachschubverkehr in der Ostsee gestört und unterbrochen werden.

Nach dem NATO-Beitritt der Bundesrepublik Deutschland genehmigte im Juli 1955 der Deutsche Bundestag den ersten Schiffbauplan für die aufzustellende neue deutsche Marine, der dann allerdings nur zwölf U-Boote vorsah. Die Größe der Boote war durch die Pariser Verträge zunächst auf 350 Tonnen begrenzt. Später wurde die Tonnagebegrenzung auf 450 Tonnen angehoben.

Den Auftrag zur Ausarbeitung des Schiffsentwurfs für die U-Boote Klasse 201, so die marineinterne Bezeichnung der neuen Boote, erhielt das Ingenieurkontor Lübeck. Eine der wesentlichen Forderungen war eine amagnetische Bauweise, um in den flachen Gewässern des Einsatzgebietes sowohl die Minengefahr durch Grundminen mit Magnetzünder zu reduzieren als auch die Boote gegen die Ortung durch U-Jagdflugzeuge mittels Vermessung des Erdmagnetfelds zu schützen. Weiterhin sollten die U-Boote möglichst geräuscharm operieren.

Das U-Boot »U 1« läuft aus dem Marinestützpunkt Kiel aus. (Foto: Deutscher Marinebund)

U-Boot »U 1«			
Bord-Nr.	S 180		
Bauwerft	Howaldtswerke, Kiel		
Baudaten	**Kiellegung**	**Stapellauf**	**in Dienst**
	08.06.60	21.10.61	20.03.62
Verbleib	am 22. Juni 1963 außer Dienst gestellt, Umbau für Erprobungen mit Hecktorpedorohr, am 4. März 1965 wieder in Dienst gestellt, am 25. März 1966 endgültig außer Dienst gestellt, Auflieger im Marinearsenal Kiel, Ansprengversuche, nach Ausschlachtung 1971 Abbruch		

Das zu Erprobungen mit einem Hecktorpedorohr ausgerüstete U-Boot »U 1«. (Foto: Archiv Autor)

Die U-Boote der Klasse 201 erhielten traditionsgemäß den Buchstaben »U« und eine fortlaufende Nummer als Namen, so wie es auch bei früheren deutschen Marinen bereits der Fall gewesen war. Sie waren aus amagnetischem Stahl hergestellte Einhüllenboote. Ihr Druckkörper war zugleich die Außenhülle des Bootes. An der Vorderkante des Turms verfügten die U-Boote über einen offenen, durch eine Reling noch vorne und zur Seite gesicherten Überwasserfahrstand. Ein etwas ungewöhnliches Bild, das aber den Booten eine markante Silhouette verlieh.

Bei rund 42 Meter Länge hatten die Boote eine ↑/↓-Verdrängung von 395 / 433 Tonnen. Die Tauchtiefe betrug 100 Meter. Der Antrieb der Klasse 201 bestand aus einem direkt auf die Welle geschalteten Elektro-Fahrmotor mit 1103 kW Leistung, der über die Batterie sowohl für die die Tauchfahrt wie auch für die Überwasserfahrt genutzt wurde. Zwei amagnetische Mercedes-Benz Dieselmotoren mit je 600 PS Leistung waren direkt mit einem Ladegenerator verbunden und standen so bei Überwasser- und Schnorchelfahrt zur Batterieladung zur Verfügung. Die U-Boote erreichten eine ↑/↓-Geschwindigkeit von 10 / 17 Knoten. Je ein Seitenruder war beidseitig der Schraube angebracht.

Bewaffnet war die Klasse 201 mit acht 533-mm-Torpedorohren. Zur weiteren Ausrüstung gehörten eine Waffenleitanlage, Gruppenhorchan-

Das U-Boot »U 2« lief am 25. Januar 1962 vom Stapel. (Foto: Deutsche Marine)

U-Boot »U 2«. (Foto: Deutscher Marinebund)

Das U-Boot »U 3« als »Kobben« unter norwegischer Flagge. (Foto: Deutsche Marine)

lage, aktive und passive Sonaranlage und Navigationsradar sowie Navigations- und Fernmeldeanlagen.

Mit der Kiellegung von »U 1« am 8. Juni 1960 begann bei den Howaldtswerken in Kiel der deutsche Nachkriegs-U-Bootbau. Bereits am 20. März 1962 erfolgte die Indienststellung beim 1. Ubootgeschwader in Kiel. »U 2« setzte am 3. Mai des gleichen Jahres Flagge und Wimpel. Nach einer vorläufigen Abnahme durch die Marine ging »U 3« am 10. Juli 1962 als Leihgabe nach Norwegen, wo es als »Kobben« in Dienst gestellt wurde und als Ausbildungs- und Schulboot Verwendung fand. Nach der Rückgabe setzte das Boot am 20. Juni 1964 die deutsche Flagge.

U-Boot »U 2«			
Bord-Nr.	S 181		
Bauwerft	Howaldtswerke, Kiel		
Baudaten	**Kiellegung**	**Stapellauf**	**in Dienst**
	01.09.60	25.01.62	03.05.62
Verbleib	am 15. August 1963 außer Dienst gestellt, Auflieger im Marinearsenal Kiel, nach Ausschlachtung 1971 Abbruch		

Nach den Indienststellungen erfolgte eine fast einjährige Typerprobung der neuen U-Boote. Bereits Mitte 1962 zeigten sich mit zunehmendem Umfang auf »U 1« und dann auch auf »U 2« starke Korrosionserscheinungen. Die Ursache konnte auf den verwendeten amagnetischen Stahl zurückgeführt werden. In der Presse wurde dieser »Skandal« schnell aufgegriffen und der Deutsche Bundestag befasste sich mit dem U-Bootbau der Marine. Es stellte sich heraus, dass der beschaffte österreichische Stahl nur unzureichend im Labor auf seine Verwendung im U-Bootbau getestet worden war. Als Sofortmaßnahme wurde aus Sicherheitsgründen die Tauchtiefe auf 40 Meter beschränkt. In der weiteren Folge kam es im Sommer 1963 zur Außerdienststellung von »U 1« und »U 2«.

»U 1« erhielt danach bei einem Umbau achtern einen auf den Bootskörper aufgesattelten voluminösen Aufsatz mit Torpedorohr und ging nochmals als Erprobungsboot für Drahtlenktorpedos kurzzeitig in Dienst. Nach Ausschlachtung und Ansprengversuchen erfolgte im August 1971 der Verkauf zum Abbruch. Auch »U 2« wurde ausgeschlachtet und verblieb bis zu seinem Verkauf und Verwertung im Jahre 1971

Das U-Boot »U 3« lief am 7. Mai 1962 vom Stapel. (Foto: Deutsche Marine)

U-Boot »U 3«			
Bord-Nr.	S 182		
Bauwerft	Howaldtswerke, Kiel		
Baudaten	**Kiellegung**	**Stapellauf**	**in Dienst**
	12.10.60	07.05.62	20.06.64
Verbleib	am 15. September 1967 außer Dienst gestellt, Auflieger im Marinearsenal Kiel, Ansprengversuche, im Druckdock zerstört, 1971 Abbruch		

als Auflieger im Marinearsenal Kiel. »U 3« hatte eine etwas längere aktive Dienstzeit. Als Schulboot bei der Ubootlehrgruppe in Neustadt / Holstein war es bis zum 15. September 1967 noch im Dienst verblieben. Nach Verwendung zu Anspreng- und Druckversuchen folgte das dabei im Druckdock bewusst zerstörte Boot dann 1971 ebenfalls seinen beiden Schwestern in den Hochofen.

U-Boote der »U 1«-Klasse	
Bootsnamen	»U 1«, »U 2«, »U 3«
Typbezeichnung	Klasse 201
Verdrängung ↑/↓	395 t / 433 t
Länge x Breite x Tiefgang	42,40 x 4,59 x 3,80 m
Tauchtiefe	100 m
Besatzungsstärke	21
Antrieb	2 x Dieselmotor, 1 x Elektro-Fahrmotor
Antriebsleistung	2 x 600 PS, 1 x 1103 kW
Wellen / Ruder	1 / 2
Geschwindigkeit ↑/↓	10 kn / 17 kn
Fahrstrecke ↑/↓	3800 sm bei 6 kn / unbekannt
Torpedorohre	8 x 533 mm
Torpedos	8 x G 7a / G 7e
Elektronik	Radar, Sonar, Gruppenhorchanlage, Waffenleitanlage, Navigations- und Fernmeldeanlagen
Ausrüstung	Sehrohr, Schnorchel, verschiedene Ausfahrgeräte

U-Boot »U 3«. (Foto: Deutsche Marine)

Kapitel 5

»Hans Techel« und »Friedrich Schürer« / Klasse 202

Parallel zu dem Bau der U-Boote der Klasse 201 begann die Bundesmarine auch mit der Beschaffung von Klein-U-Booten. Die Arbeiten an deren Schiffsentwurf hatten bereits 1957 begonnen. Als Aufgabe war ihnen der Vorposten- und Aufklärungsdienst sowie die Verwendung als kleine wendige U-Bootjäger zugedacht. Bis zu 40 Einheiten waren vorgesehen. Amtsintern erhielten sie die Bezeichnung Klein-U-Boot Klasse 202.

Als Vorserie wurden im Juli 1959 bei den Atlas Werken in Bremen drei solcher Klein-U-Boote beauftragt. Immer wieder neue Diskussionen und Änderungswünsche der Marine hinsichtlich Zielsetzung und Ausrüstung verzögerten den Baubeginn. In der Folge kam es schließlich sogar gänzlich zur Aufgabe des dritten Bootes. Als Erprobungsträger baute man dann ab Oktober 1961 die beiden Boote »Hans Techel« und »Friedrich Schürer«, die am 15. Oktober 1965 und 6. April 1966 in Dienst stellten. Die Namensgebung geht auf zwei Ingenieure zurück, die an der deutschen U-Bootentwicklung maßgeblich beteiligt waren.

Die U-Boote der Klasse 202 waren Einhüllenboote aus amagnetischem Stahl. Sie hatten eine ↑/↓-Verdrängung 100 / 137 Tonnen. Die Tauchtiefe wird mit 60 Meter - nach einer anderen Quelle 100 Meter - angegeben. Ihre Maschinenanlage bestand aus einem amagnetischen Mercedes-Benz Dieselmotor mit 330 PS Leistung. Über einen Ladegenerator erfolgte die Aufladung der 23 Tonnen schweren Batterie. Im umgekehrten

Der Stapellauf des Klein-U-Bootes »Hans Techel« erfolgte am 15. März 1965. (Foto: Deutscher Marinebund)

Das Klein-U-Boot »Hans Techel« wurde am 15. Oktober 1965 feierlich in Dienst gestellt. (Foto: Deutsche Marine)

Klein-U-Boot »Hans Techel«. (Foto: Archiv Autor)

Mehr unter als über Wasser. Klein-U-Boot »Hans Techel« bei grober See im Überwassermarsch. (Foto: Archiv Autor)

Klein-U-Boote »Hans Techel« und »Friedrich Schürer«	
Typbezeichnung	Klasse 202
Verdrängung ↑/↓	100 t / 137 t
Länge x Breite x Tiefgang	22,00 x 3,40 x 2,70 m
Tauchtiefe	60 m
Besatzungsstärke	6
Antrieb	1 x Dieselmotor, 1 x Ladegenerator zgl. Elektro-Fahrmotor, 1 x Elektro-Fahrmotor für Schleichfahrt
Antriebsleistung	1 x 330 PS, 1 x 257 kW, 1 x 20 kW
Wellen / Ruder	1 / 2 (»Hans Techel«), 1 / 1 (»Friedrich Schürer«)
Geschwindigkeit ↑/↓	10 kn / 13 kn
Fahrstrecke ↑/↓	400 sm bei 10 kn / 270 sm bei 5 kn
Torpedorohre	2 x 533 mm
Elektronik	Radar, Sonar, Gruppenhorchanlage, Navigations- und Fernmeldeanlagen
Ausrüstung	Sehrohr, Schnorchel

Betrieb über die Batterie diente er wiederum in Zweitfunktion als Elektro-Fahrmotor mit 257 kW Leistung. Für Schleichfahrt war ein zusätzlicher Elektro-Fahrmotor von 20 kW vorhanden. Damit erreichten die Klein-U-Boote eine ↑/↓-Geschwindigkeit von 10 / 13 Knoten. Das ursprünglich vorgesehene dritte und dann nicht mehr gebaute Boot sollte den schon im Zweiten Weltkrieg entwickelten und erprobten Walter-Antrieb erhalten.

Das Klein-U-Boot »Hans Techel« nach seiner Außerdienststellung als Auflieger im Marinearsenal Kiel. (Foto: Deutscher Marinebund)

Die Boote unterschieden sich in der Heckruder-Ausführung. Während »Friedrich Schürer« eine Kort-Ruderdüse aufwies, hatte »Hans Techel« beidseitig der Schraube je ein Ruderblatt. Eine Anordnung wie sie auch auf den U-Booten der Klassen 201 und auf den Klassen 205 / 205mod ebenfalls vorhanden war.

An Bewaffnung besaß die Klasse 202 zwei 533-mm-Torpedorohre. Die elektronische Ausrüstung umfasste eine Sonaranlage, eine Gruppenhorchanlage, ein Navigationsradar, ein Radarwarngerät sowie Fernmeldeeinrichtungen. Weiterhin waren ein Sehrohr und ein Schnorchel an Bord.

Das angedachte Konzept bewährte sich in der Praxis nicht. Für die vorgesehenen Einsatzaufgaben erwiesen sich die Klein-U-Boote als ungeeignet. Nach nur wenigen Monaten stellten beide Einheiten am 15. Dezember 1966 wieder außer Dienst. Eine durchgeführte Untersuchung für die Herrichtung und weitere Verwendung als Sonderfahrzeuge verlief negativ. Die Boote wurden verschrottet und hatten damit die kürzeste Dienstzeit von Schiffen oder Booten in der Bundesmarine. Diese Fehlinvestition kostete damals den deutschen Steuerzahlen 30 Millionen DM.

Klein-U-Boot »Friedrich Schürer«. (Foto: Deutscher Marinebund)

Fast die ganze sechsköpfige Besatzung ist auf dem Turm des Klein-U-Bootes »Friedrich Schürer« versammelt. (Foto: Archiv Autor)

Klein-U-Boot »Hans Techel«			
Bord-Nr.	S 172		
Bauwerft	Atlaswerke, Bremen		
Baudaten	**Kiellegung**	**Stapellauf**	**in Dienst**
	10.10.61	15.03.65	15.10.65
Verbleib	am 15. Dezember 1966 außer Dienst gestellt, Auflieger im Marinearsenal Kiel, 1969 Abbruch		

Klein-U-Boot »Friedrich Schürer«			
Bord-Nr.	S 173		
Bauwerft	Atlaswerke, Bremen		
Baudaten	**Kiellegung**	**Stapellauf**	**in Dienst**
	10.10.61	10.11.65	06.04.66
Verbleib	am 15. Dezember 1966 außer Dienst gestellt, Auflieger im Marinearsenal Kiel, 1969 Abbruch		

Die Abbildung des Schnellen Minensuchbootes »Stier« mit dem längsseits liegenden Klein-U-Boot »Friedrich Schürer« und den an Oberdeck stehenden Personen lässt einen direkten Größenvergleich beider Fahrzeuge zu. (Foto: Deutscher Marinebund)

Die Klein-U-Boote »Friedrich Schürer« (li) und »Hans Techel« (re) nach ihrer Außerdienststellung als Auflieger im Marinearsenal Kiel (Foto: Archiv Autor)

Kapitel 6

»U 4«-Klasse / Klasse 205

Den U-Booten »U 1« bis »U 3« schloss sich nahtlos mit »U 4« bis »U 8« eine zweite modifizierte Bauserie an. Sie erhielt die Bezeichnung U-Boot Klasse 205. Die Boote waren teilweise schon vor der Stahlkrise begonnen worden. Bereits gefertigte Sektionen konnten aber für den geänderten Entwurf genutzt werden.

Um den auch hier zu erwartenden Korrosionserscheinungen vorzubeugen, erhielt der Bootskörper als Schutz eine Spritzverzinkung, zusätzliche Opferanoden und Kunststoffanstriche. Doch diese vorsorglichen Maßnahmen reichten nicht aus, um das Problem gänzlich zu beheben.

Außerdem bekamen sie eine andere Turmform, um den größeren Schwinger eines neu entwickelten Sonargerätes aufnehmen zu können. Somit entfiel der offene Fahrstand, was auch wiederum im Überwassermarsch bei schlechtem Wetter für die Brückenbesatzung von Vorteil war. Neuere und modernere Anlagen machten infolge ihres größeren Platzbedarfs auch eine leichte Verlängerung des Bootskörpers notwendig. Die ↑/↓-Verdrängung erhöhte sich auf 419 / 455 Tonnen. Antriebsanlage und Bewaffnung blieben vom Grundsatz her unverändert.

Die wieder vom Ingenieurkontor Lübeck entworfenen fünf U-Boote stellten von Ende 1962 bis Mitte 1964 beim 1. Ubootgeschwader in Kiel in Dienst, blieben aber problembehaftet. Aus Sicherheitsgründen führten Rissbildungen bald zu Tauchbeschränkungen. Ab dem 1. Oktober 1969

Der Stapellauf des U-Bootes »U 4« erfolgte am 25. August 1962. (Foto: Deutsche Marine)

U-Boote der »U 4«-Klasse	
Bootsnamen	»U 4«, »U 5«, »U 6«, »U 7«, »U 8«
Typbezeichnung	Klasse 205
Verdrängung ↑/↓	419 t / 455 t
Länge x Breite x Tiefgang	44,30 x 4,59 x 3,80 m
Tauchtiefe	100 m
Besatzungsstärke	21
Antrieb	2 x Dieselmotor, 1 x Elektro-Fahrmotor
Antriebsleistung	2 x 600 PS, 1 x 1103 kW
Wellen / Ruder	1 / 2
Geschwindigkeit ↑/↓	10 kn / 17 kn
Fahrstrecke ↑/↓	3800 sm bei 6 kn / 228 sm bei 4 kn
Torpedorohre	8 x 533 mm
Torpedos	8 x G 7a / G 7e
Elektronik	Radar, Sonar, Gruppenhorchanlage, Waffenleitanlage, Navigations- und Fernmeldeanlagen
Ausrüstung	Sehrohr, Schnorchel, verschiedene Ausfahrgeräte

erfolgte der Unterstellungswechsel zur Ubootlehrgruppe nach Neustadt / Holstein. Die U-Boote dienten jetzt ausschließlich als Schulboote, Die Torpedorohre wurden dicht gesetzt und der Einsatz der Boote unterlag besonderen Sicherheitsauflagen.

Nach einer Knallgasexplosion bei der Batterieladung ging »U 7« vom September 1965 bis Mai 1968 vorübergehend außer Dienst. Im Rahmen der Instandsetzung erhielt das Boot einen nochmals neu gestalteten Turmaufbau mit einer Formgebung, die auch später auf der »U 9«-Klasse / Klasse 205mod verwendet werden sollte. Alle Boote gingen zwischen Mai und Oktober 1974 endgültig außer Dienst und wurden wenige Jahre später abgewrackt.

An den kurzen Lebensläufen der ersten acht U-Boote der Klassen 201 und 205 der Bundesmarine kann man feststellen, dass die Anfangs- und Aufbauphase der neuen deutschen U-Bootwaffe nicht gerade optimal verlaufen war. Den wesentlichsten Anteil daran hatte die Stahlmisere. Aber auch anderweitig musste man viel Neuland betreten und Kinderkrankheiten jeglicher Art galt es zu überwinden. Nach kurzer Verwendung im Flottendienst konnten in Folge die U-Boote nur noch als Schulboote genutzt werden.

Das U-Boot »U 4« läuft hohe Fahrt. (Foto: Bundesarchiv / Bild 146-2008-0238 / CC-BY-SA 3.0)

U-Boot »U 5«. (Foto: Deutsche Marine)

U-Boot »U 4«			
Bord-Nr.	S 183		
Bauwerft	Howaldtswerke, Kiel		
Baudaten	**Kiellegung**	**Stapellauf**	**in Dienst**
	01.04.61	25.08.62	19.11.62
Verbleib	am 01. August 1974 außer Dienst gestellt, 1977 Abbruch		

U-Boot »U 5«			
Bord-Nr.	S 184		
Bauwerft	Howaldtswerke, Kiel		
Baudaten	**Kiellegung**	**Stapellauf**	**in Dienst**
	01.06.61	20.11.62	04.07.63
Verbleib	am 17. Mai 1974 außer Dienst gestellt, 1975 Abbruch		

U-Boot »U 6«			
Bord-Nr.	S 185		
Bauwerft	Howaldtswerke, Kiel		
Baudaten	**Kiellegung**	**Stapellauf**	**in Dienst**
	08.11.61	30.01.63	24.07.63
Verbleib	am 23. August 1974 außer Dienst gestellt, 1977 Abbruch		

Das U-Boot »U 6« im Kieler Marinestützpunkt. (Foto: Deutsche Marine)

Das U-Boot »U 7« mit alter und ... (Foto: Deutsche Marine)

... mit neuer Turmform. (Foto: Deutsche Marine)

Das U-Boot »U 7« beim Auftauchen. (Foto: Deutsche Marine)

U-Boot »U 7«			
Bord-Nr.	S 186		
Bauwerft	Howaldtswerke, Kiel		
Baudaten	**Kiellegung**	**Stapellauf**	**in Dienst**
	01.02.62.	10.04.63	16.03.64
Verbleib	am 30. September 1965 außer Dienst gestellt, Reparatur der Schäden einer Knallgasexplosion und Umbau, am 22. Mai 1968 erneut in Dienst gestellt, am 12. Juli 1974 endgültig außer Dienst gestellt, 1976 Abbruch		

U-Boot »U 8«			
Bord-Nr.	S 187		
Bauwerft	Howaldtswerke, Kiel		
Baudaten	**Kiellegung**	**Stapellauf**	**in Dienst**
	20.02.63	19.06.63	22.07.64
Verbleib	am 09. Oktober 1974 außer Dienst gestellt, 1977 Abbruch		

U-Boot »U 8«. (Foto: Deutsche Marine)

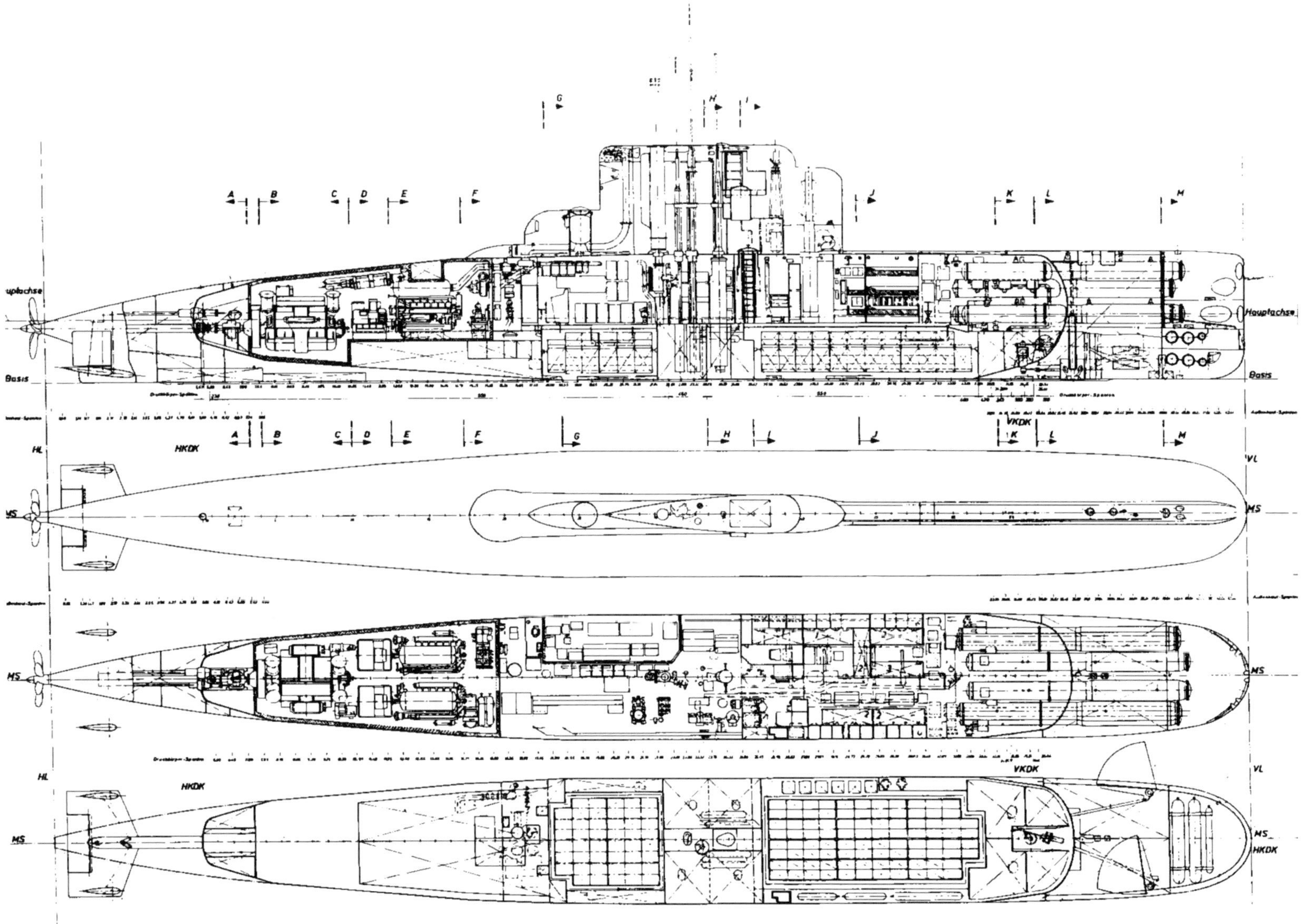

Der Generalplan der Klasse 205. Dieser Plan trifft auch weitgehend für die im nachfolgenden Kapitel behandelte Klasse 205mod zu.
(Foto: NateDoubleU / CC-BY-SA 4.0)

Kapitel 7

»U 9«-Klasse / Klasse 205mod

Nach Überwindung der Stahlmisere und unter Verwendung eines neuen amagnetischen Stahls begann ab Dezember 1964 mit der nochmals veränderten Klasse 205mod eine weitere Bauserie. Die vier U-Boote »U 9« bis »U 12« stellten zwischen April 1967 und Januar 1969 in Dienst.

Ebenfalls zu dieser Klasse 205mod müssen noch die U-Boote »U 1« (II) und »U 2« (II) gezählt werden. Die Fertigung dieser Ersatzbauten für die außer Dienst gestellten Namensvorgänger erfolgte bereits ab September 1964. Sie waren allerdings aus einem gewöhnlichen magnetischen Schiffbaustahl gefertigt. Beim Bau fanden Teile der Inneneinrichtung von »U 1« (I) und »U 2« (I) Wiederverwendung. Die Boote sind dennoch als Neubauten zu werten.

Gegenüber ihren unmittelbaren Vorgängern hatte die Klasse 205mod, der Entwurf kam wieder vom Ingenieurkontor Lübeck, einen nochmals veränderten Turmaufbau. Dadurch konnte auf Sehrohrtiefe und bei Schnorchelfahrt der Wellenwiderstand erheblich vermindert werden. Weiteres typisches Kennzeichen dieser Serie war der auf dem Vorschiff deutlich erkennbare kleine Hüllkörper. In ihm war ein Passivsonar zur Entfernungsmessung eingebaut. Antriebsanlage, Bewaffnung, In-

Das U-Boot »U 1« (II) läuft im Marinestützpunkt Kiel ein. (Foto: Deutscher Marinebund)

U-Boot »U 2« (II). (Foto: Deutsche Marine)

Das U-Boot »U 2« (II) im Schwimmdock. Deutlich ist die bislang für alle neuen deutschen U-Boote typische Ruderanordnung mit den beiden Seitenrudern links und rechts der Schraube zu erkennen. (Foto: Deutscher Marinebund)

U-Boote der »U 9«-Klasse	
Bootsnamen	»U 1« (II), »U 2« (II), »U 9«, »U 10«, »U 11«, »U 12«
Typbezeichnung	Klasse 205mod
Verdrängung ↑/↓	419 t / 455 t
Länge x Breite x Tiefgang	44,30 x 4,59 x 3,80 m
Tauchtiefe	100 m
Besatzungsstärke	21
Antrieb	2 x Dieselmotor, 1 x Elektro-Fahrmotor
Antriebsleistung	2 x 600 PS, 1 x 1103 kW
Wellen / Ruder	1 / 2 (»U 1« (II), »U 2« (II), »U 9« und »U 10«), 1 / 1 (»U 11« und »U 12«)
Geschwindigkeit ↑/↓	10 kn / 17 kn
Fahrstrecke ↑/↓	3800 sm bei 6 kn / 228 sm bei 4 kn
Torpedorohre	8 x 533 mm
Torpedos	16 x DM 3
Minen	alternativ für Torpedos drei Minen pro Torpedorohr
Elektronik	Radar, Sonar, Gruppenhorchanlage, Waffenleitanlage, Navigations- und Fernmeldeanlagen
Ausrüstung	Sehrohr, Schnorchel, verschiedene Ausfahrgeräte

nenausstattung und Ausrüstung wurden verbessert und dem damals aktuellen technischen Stand angepasst. Einen Eindruck über den Aufbau der Klasse 205mod gibt der im vorherigen Kapitel abgebildete und weitgehend identische Generalplan der Klasse 205.

Alle sechs Boote der Klasse 205mod wurden im 1. Ubootgeschwader in Kiel zusammengefasst. Damit hatte die Bundesmarine erstmals voll einsatzfähige U-Boote. Sie nahmen regelmäßig an Torpedoschießabschnitten sowie nationalen und NATO-Manövern teil und stellten dabei ihre Leistungsfähigkeit unter Beweis. Zahlreiche längere Auslandsreisen führten die Boote nach Frankreich, Großbritannien, Norwegen und weitere ausländische Häfen im Nord- und Ostseebereich. Zusammen mit den 18 Booten der »U 13«-Klasse / Klasse 206, die ab April 1973 der Flotte zuliefen, bildeten sie nahezu drei Jahrzehnte lang die neue deutsche U-Bootwaffe.

Das U-Boot »U 9« an seinem Liegeplatz im Marinestützpunkt Kiel. (Foto: Deutsche Marine)

Das U-Boot »U 10« ist klar zum Tauchen. Die Brückenbesatzung ist bereits im Boot. Auf dem Vorschiff ist der Hüllkörper für die Passivsonaranlage deutlich zu erkennen. (Foto: Deutsche Marine)

Das U-Boot »U 1« wurde von März bis November 1987 zum Erprobungsträger für die Brennstoffzelle umgebaut. Hierzu erhielt es vor dem Turmbereich eine Zwischensektion zur Aufnahme des neuen in der Entwicklung befindlichen außenluftunabhängigen Antriebssystems, das für die in der Planung befindliche Klasse 212A vorgesehen war. Nach Abschluss der Erprobungen stellte das Boot außer Dienst. Anschließend wurde es den Nordseewerken in Emden zur Verfügung gestellt. Unter dem neuen Namen »ex U 1« war es nochmals Testfahrzeug für ein weiteres außenluftunabhängiges Antriebssystem, den Kreislaufdiesel. Danach kam das endgültige Aus. An eine Abbruchfirma verkauft, erfolgte die Verwertung.

Im Gegensatz zu seinem Schwesterboot war dem U-Boot »U 2« nach seiner Marinelaufbahn keine weitere und anderweitige Verwendung mehr gegönnt. Nach der Außerdienststellung wurde das U-Boot abgewrackt.

Das U-Boot »U 9« ist seit Ende September 1993 als Museumsschiff im Technik Museum Speyer ein Besuchermagnet. Ebenso »U 10«, das auf dem Gelände des Deutschen Marinemuseums in Wilhelmshaven als Museumsschiff aufgestellt ist.

Das U-Boot »U 11« erhielt 1987 / 1988 eine zweite amagnetische Außenhülle. Nach diesem Umbau zum Zweihüllenboot konnte »U 11« als Unterwasserzielschiff für Torpedoschießübungen verwendet werden. Die aufgeschweißte zweite Außenhaut hätte bei einem eventuell fehlgesteuertem Übungstorpedo eine Schutzfunktion erfüllt und damit als

Das U-Boot »U 10« hat beim Tauchen fast vollständig die Meeresoberfläche verlassen. Nur die Oberkante des Turmes, das Sehrohr und die Stabantenne ragen noch aus dem Wasser. Gut zu erkennen die Aussparungen für die übrigen Ausfahrgeräte. (Foto: Deutsche Marine)

Das U-Boot »U 11« beim Ausschwimmen aus dem Dock. (Foto: Deutsche Marine)

U-Boot »U 1« (II)			
Bord-Nr.	S 180		
Bauwerft	Howaldtswerke, Kiel		
Baudaten	**Kiellegung**	**Stapellauf**	**in Dienst**
	01.02.65	17.02.67	26.06.67
Verbleib	am 29. November 1991 außer Dienst gestellt, zuvor Erprobungsboot für Brennstoffzelle, danach als »ex U 1« Erprobungsboot für Kreislaufdiesel, 1993 Abbruch		

»Knautschzone« die unmittelbare Gefährdung von Boot und Besatzung verhindert. Übungstorpedos haben zwar keinen Sprengkopf, können aber alleine mit ihrer Masse bei einem Aufschlag erheblichen Schaden anrichten, sollte ihre Tiefensteuerung, aus welchem Grund auch immer, versagen.

Eine weitere Besonderheit des Bootes ist die Anordnung des Seitenruders. Im Gegensatz zu den bisherigen deutschen U-Booten ist das Seitenruderblatt direkt hinter der Schiffsschraube und damit direkt im Schraubenstrom angeordnet. Das führt, insbesondere bei geringen Geschwindigkeiten sowie bei An- und Ablegemanövern, zu einer besse-

Das U-Boot »U 12« kämpft sich durch raue See. Die Brückenbesatzung ist mehr unter als über dem Wasser. (Foto: Deutsche Marine)

ren Manövrierfähigkeit. Das Schwesterboot »U 12« und alle Boote der Klasse 206 erhielten die gleiche Ruderanordnung. Seit Mai 2005 ist das 2003 außer Dienst gestellte »U 11« auf der Ostseeinsel Fehmarn im Hafengelände von Burgstaaken als Museumsschiff zu besichtigen.

Bei »U 12« erfolgte Anfang der 1990er Jahre ein größerer Umbau zu einem Erprobungsträger für ein Schleppsonar. Hierfür wurde das Boot verlängert und erhielt zur Aufnahme der Erprobungsanlagen an beiden Seiten Längswülste sowie eine markante Kuppel auf dem Vorschiff. Das vordere Tiefenruder wurde in Form von zwei Horizontalflossen an die Vorderkante des Turms verlegt. Nach der Außerdienststellung wurde das Boot zum Abbruch nach Dänemark verkauft. Mit 36 Dienstjahren ist es in der Klasse 205mod das Boot mit der längsten Dienstzeit.

Bleibt noch zu erwähnen, dass auch die dänische Marine zwei U-Boote der Klasse 205mod bauen ließ. Sie entstanden auf der Orlogsværft in Kopenhagen in Lizenz und stellten am 27. Februar 1970 als »Narhvalen« und am 22. Dezember 1970 als »Nordkaperen« in Dienst. Am 16. Oktober 2003 und am 2. Februar 2004 holten die beide U-Boote Flagge und Wimpel nieder und wurden danach verschrottet.

U-Boot »U 2« (II)			
Bord-Nr.	S 181		
Bauwerft	Howaldtswerke, Kiel		
Baudaten	**Kiellegung**	**Stapellauf**	**in Dienst**
	01.09.64	15.07.66	11.10.66
Verbleib	am 19. März 1992 außer Dienst gestellt, 1993 Abbruch		

U-Boot »U 9«			
Bord-Nr.	S 188		
Bauwerft	Howaldtswerke, Kiel		
Baudaten	**Kiellegung**	**Stapellauf**	**in Dienst**
	10.12.64	20.10.66	11.04.67
Verbleib	am 03. Juni 1993 außer Dienst gestellt, Museumsschiff im Technik Museum Speyer		

Das U-Boot »U 12« nach seinem Umbau zu einem Erprobungsträger für ein Schleppsonar. (Foto: Deutsche Marine)

U-Boot »U 10«			
Bord-Nr.	S 189		
Bauwerft	Howaldtswerke, Kiel		
Baudaten	**Kiellegung**	**Stapellauf**	**in Dienst**
	15.07.65	05.06.67	28.11.67
Verbleib	am 16. Februar 1993 außer Dienst gestellt, Museumsschiff im Deutschen Marinemuseum in Wilhelmshaven		

U-Boot »U 11«			
Bord-Nr.	S 190		
Bauwerft	Howaldtswerke, Kiel		
Baudaten	**Kiellegung**	**Stapellauf**	**in Dienst**
	01.04.66	09.02.68	21.06.68
Verbleib	am 30. Oktober 2003 außer Dienst gestellt, Museumsschiff in Burgstaaken / Fehmarn		

Ein U-Boot der Klasse 205mod läuft bei ruhiger See eine hohe Fahrtstufe. (Foto: Deutsche Marine)

U-Boot »U 12«			
Bord-Nr.	S 191		
Bauwerft	Howaldtswerke, Kiel		
Baudaten	**Kiellegung**	**Stapellauf**	**in Dienst**
	01.09.66	10.09.68	14.01.69
Verbleib	am 21. Juni 2005 außer Dienst gestellt, anschließend Abbruch		

Das dänische U-Boot »Narhvalen« ist ein Lizenzbau der Klasse 205mod. (Foto: Dänische Marine)

Je ein Boot der Klasse 206 (li) und 205mod (re) haben längsseits am Tender festgemacht. (Foto: Hans Karr)

Kapitel 8

Museums-U-Boot »U 9« im Technik Museum Speyer

Das U-Boot »U 9« legte in seiner aktiven Dienstzeit 174.850 Seemeilen zurück. (Foto: Deutsche Marine)

Das U-Boot »U 9« der Bundesmarine, Typboot der Klasse 205mod, wurde am 10. Dezember 1964 bei den Howaldtswerken in Kiel als Baunummer 1158 auf Kiel gelegt. Am 20. Oktober 1966 lief der Neubau vom Stapel und wurde auf den Namen »U 9« getauft. Schon ein halbes Jahr später konnte am 11. April 1967 die Indienststellung im Kieler Marinestützpunkt stattfinden. Als Bordnummer erhielt das U-Boot die NATO-Kennung S 188.

Die Besatzung des U-Bootes setzte sich aus 21 Mann zusammen. Im Einzelnen:

- Vier Offiziere:
  - Kommandant
  - Bootsoperationsoffizier (I WO)
  - Bootswaffenoffizier (II WO)
  - Schiffstechnischer Offizier (STO)
- Fünf Portepee-Unteroffiziere:
  - Navigationsmeister / Nav-Meister (Navigation)
  - Sonarmeister (Akustik, Sonargeräte)
  - Torpedomeister (Torpedos, Torpedorohre)
  - Motorenmeister / Mot-Meister (Dieselmotoren, Aggregate)
  - Elektromeister / E-Meister (Elektro-Fahrmotor, Elektrik)
- Zwölf Unteroffiziere:
  - Navigationsmaat, Sonarmaat, Torpedomaat, Motorenmaat, Zentralemaat, 2 x Elektromaat, Elektronikmaat, 2 x Funkmaat, Decksmaat, Kochsmaat

Im Zuge der Verringerung des Militärpotentials erfolgte am 3. Juni 1993 die Außerdienststellung und die Aussonderung des Bootes. Nach den Angaben einer Broschüre des Technik Museums Speyer legte »U 9« während seiner Dienstzeit insgesamt 174.850 Seemeilen zurück, was etwa einer achtfachen Erdumrundung gleichkommt. Ebenso sind dort auch folgende Zahlenangaben zum Seebetrieb des Bootes aufgelistet:

- Seebetriebsstunden 37.496 h 11 min = 4 ¼ Jahre
- davon Tauchstunden 16.478 h 25 min = 1 Jahr und 11 Monate
- davon Schnorchelstunden 1.585 h 28 min = 66 Tage

Auf der Internetseite des Technik Museums Speyer wird der Transport von »U 9« an seinen Liegeplatz im Museumsgelände wie folgt beschrieben:

»Nach einer außergewöhnlichen Reise über 1000 Kilometer traf am 20. August 1993 das ehemalige Unterseeboot der Bundesmarine »U 9« in Speyer ein. Begonnen hatte das Unternehmen im Marinearsenal Wilhelmshaven, wo das Boot seit seiner Außerdienststellung als Auflieger lag. Der Hochseeschlepper »Apollo« nahm das U-Boot auf den Haken, um es durch die Nordsee nach Rotterdam zu schleppen. Nördlich der Insel Wangerooge musste der Schleppzug bei Windstärke 9 umdrehen und wieder nach Wilhelmshaven zurückfahren. Mit drei Tagen Verspätung startete das Unternehmen dann am 13. August 1993 zum zweiten Mal. Insgesamt waren 280 Seemeilen bis Rotterdam zurückzulegen. Nach 36 Stunden Fahrtzeit lief der Schleppzug dort ein.

Eine Meisterleistung war das Verladen des rund 420 Tonnen schweren U-Bootes auf den Ponton »Lastdrager 14«. Im Hafenbecken wurde der Ponton abgesenkt und zwei Schlepper bugsierten das U-Boot darüber. Taucher justierten »U 9« zum Einschwimmen in die Transportsättel, die eigens angefertigt und auf dem Ponton befestigt waren. Nach diesen Arbeiten und nach dem Lenzen des Ballastwassers tauchte der Ponton - mit Beladung nun insgesamt 1875 Tonnen schwer - wieder auf. Die 606 Kilometer lange Reise auf dem Rhein nach Speyer konnte jetzt beginnen.

Das holländische Spezialschiff »Sirius« schob den »Lastdrager 14« mit dem U-Boot »U 9« vor sich her. Der Transport lief zum Teil auch nachts. In Speyer angekommen ging es für das U-Boot dann auf einem speziellen Tieflader in Schrittgeschwindigkeit über die Landstraße ins Museum. Tausende von begeisterten Zuschauern verfolgten den außergewöhnlichen Transport. Anschließend dauerte es noch fünf Wochen bis »U 9« ausstellungsfähig hergerichtet und für Besucher zugänglich war.«

»U 9« wird für den Transport auf dem Rhein auf einen Ponton verladen. (Foto: Technik Museum Speyer)

Seither herrscht bei dem Museums-Exponat »U 9« im Allgemeinen, aber insbesondere bei museumsinternen Großveranstaltungen, ein regelrechter Besucherandrang.

Der Besucher betritt das Boot über eine Treppe mit Laufsteg. In das Innere gelangt man durch das Batteriemontageluk. Dieses Luk wurde früher nur im Hafen benutzt, um größere Gegenstände von Bord oder an Bord bringen zu können. Auf See blieb das Luk grundsätzlich geschlossen. Zu groß war das Risiko, dass eine überschwappende Welle das Boot gefährdet hätte. Heute erreicht der Besucher durch diese im Querschnitt größte Öffnung des Druckkörpers über eine Leiter gefahrlos den Innenraum von »U 9«.

Bestimmendes Element des Bugraums sind die acht 533-mm-Torpedorohre. Sie sind in zwei Gruppen angeordnet und werden nach alter Marinetradition von oben nach unten durchnummeriert. An Steuerbord mit ungeraden (Rohr I, III, V, VII) und an Backbord mit geraden (Rohr II, IV, VI, VIII) römischen Zahlen.

Auf dem Rhein unterwegs in Richtung Speyer. (Foto: Technik Museum Speyer)

In Speyer angekommen, wird »U 9« auf einen Tieflader umgesetzt. (Foto: Technik Museum Speyer)

Die letzte Wegstrecke zum Museumsgelände wird auf einem Tieflader zurückgelegt. (Foto: Technik Museum Speyer)

Das U-Boot »U 9« als Exponat im Technik Museum Speyer. (Fotos: Hans Karr)

Hoher Andrang und Warteschlange für die Besichtigung von »U 9«. (Foto: Hans Karr)

Der U-Bootsturm mit NATO-Kennung, Bootsnamen und Bootswappen. Letzteres stellt das Eiserne Kreuz dar und erinnert an das U-Boot »U 9« der Kaiserlichen Marine, das diese Auszeichnung für seinen Kriegseinsatz erhielt. (Foto: Hans Karr)

An Backbord schließt sich der Wohn- und Schlafraum der Portepee-Unteroffiziere (PUO-Messe) mit insgesamt fünf Kojen an. Der PUO-Messe gegenüber befindet sich an Steuerbord der Wohn- und Schlafraum der Unteroffiziere (Uffz-Messe, vier Kojen). Auf dem Rundgang nach achtern folgt dann an Backbord der Wohn- und Schlafraum der Offiziere (O-Messe, vier Kojen).

Hier sei aber auch noch angemerkt, dass der Begriff »Messe«, was an Bord von Kriegsschiffen im Allgemeinen die angenehm und recht wohnlich gestaltete Rückzugsräumlichkeit einer Dienstgradgruppe darstellt, für ein U-Boot eigentlich überstrapaziert ist. Einen privaten Frei- oder Rückzugsraum gab es hier einfach nicht.

Da das Boot nur insgesamt 14 Kojen besitzt, mussten diese als Wechselkojen genutzt werden. Sie haben die Abmessungen von 60 x 180 Zentimeter. An Stelle von Bettzeug hatte jeder U-Bootfahrer einen Schlafsack. Traditionsgemäß war die linke obere Koje in der PUO-Messe dem Smut zugeordnet. Als weiteres Besatzungsmitglied hatte nur noch der Kommandant in der Kommandantenecke einen eigenen festen Schlafplatz.

Der Steuerbord-Torpedo-rohrsatz mit den Rohren I, III, V und VII. (Foto: Hans Karr)

Wohn- und Schlafraum der Portepee-Unteroffiziere. Die Rückenlehnen können hochgeklappt werden und dienen dann als obere Kojen. Die links oben noch vorhandene fünfte Koje (Smutkoje) ist auf dem Bildausschnitt nicht zu erkennen. (Foto: Hans Karr)

Wohn- und Schlafraum der Unteroffiziere mit Blick nach achtern. (Foto: Hans Karr)

Links: Auch die Raum- und Platzverhältnisse in der O-Messe waren äußerst eng bemessen. Man beachte die Aufhängung einer Rückenlehne mittels Ketten zur Verwendung derselben als Schlafplatz. (Foto: Hans Karr)

Wohn- und Schlafraum der Unteroffiziere mit Blick nach vorne. (Foto: Hans Karr)

Die Kombüse besaß nur eine beschränkte Kücheneinrichtung. (Foto: Hans Karr)

Hinter der Uffz-Messe ist die Kombüse zu finden. Auf knapp einem Quadratmeter Grundfläche und mit nur einer unbedingt notwendigen Ausstattung (Drei-Platten-Elektroherd, Backofen, Kippkochkessel, Kühlschrank, Stauschränkchen) bereitete hier der Smut die Mahlzeiten für die 21-köpfige Besatzung zu.

Gegenüber der Kombüse ist an Backbord die Kommandantenecke zu finden mit Koje, kleinem Schreibtisch und sparsamen eingerichtetem Spindraum. Dazwischen befindet sich in Bootsmitte die Leiter als Aufgang zum Turm. Über die beiden Turmluken gelangte man auf die Brücke. Dies war der normale und routinemäßige Weg, um in das Boot zu gelangen oder es zu verlassen.

Räumlich gesehen sind wir auf dem Rundgang durch das Museum-U-Boot »U 9« jetzt in der Bootsmitte angekommen. Hier im Bereich unter dem Turm befindet sich der wichtigste Betriebsraum des Bootes, die Operations- und Schiffstechnische Zentrale (OPZ / STZ). An Steuerbord sind die technischen Einrichtungen und Bedienelemente angeord-

net, an Backbord sind wiederum die Geräte für den operativen Einsatz des Bootes vorhanden.

Seiten- und Tiefenruderstände zum Steuern des Bootes sowie die Trimm- und Lenzecke mit den Ventilen für die Hoch- und Niederdruckluftverteiler und den Handkurbeln für die Lenz- und Trimmeinrichtungen bestimmen an Steuerbord das Bild. Der Rudergänger für das Seitenruder saß in Fahrtrichtung. Die Rudergänger für das vordere und hintere Tiefenruder waren quer zur Längsrichtung platziert und blickten auf die Steuerbordseite des Bootes, wo die Kontrollinstrumente angebracht sind. Je nach Situation und Lage waren bei Tauch- und Schnorchelfahrt der STO, der Mot-Meister oder der E-Meister als Tiefensteuerleiter zuständig für die Kontrolle und Überwachung der Anlagen sowie für das Fahrverhalten des Bootes.

Linke Seite: Die Seiten- und Tiefenruderstände. (Foto: Hans Karr)

Die beiden Tiefenruderstände und die Trimm- und Lenzecke. (Foto: Hans Karr)

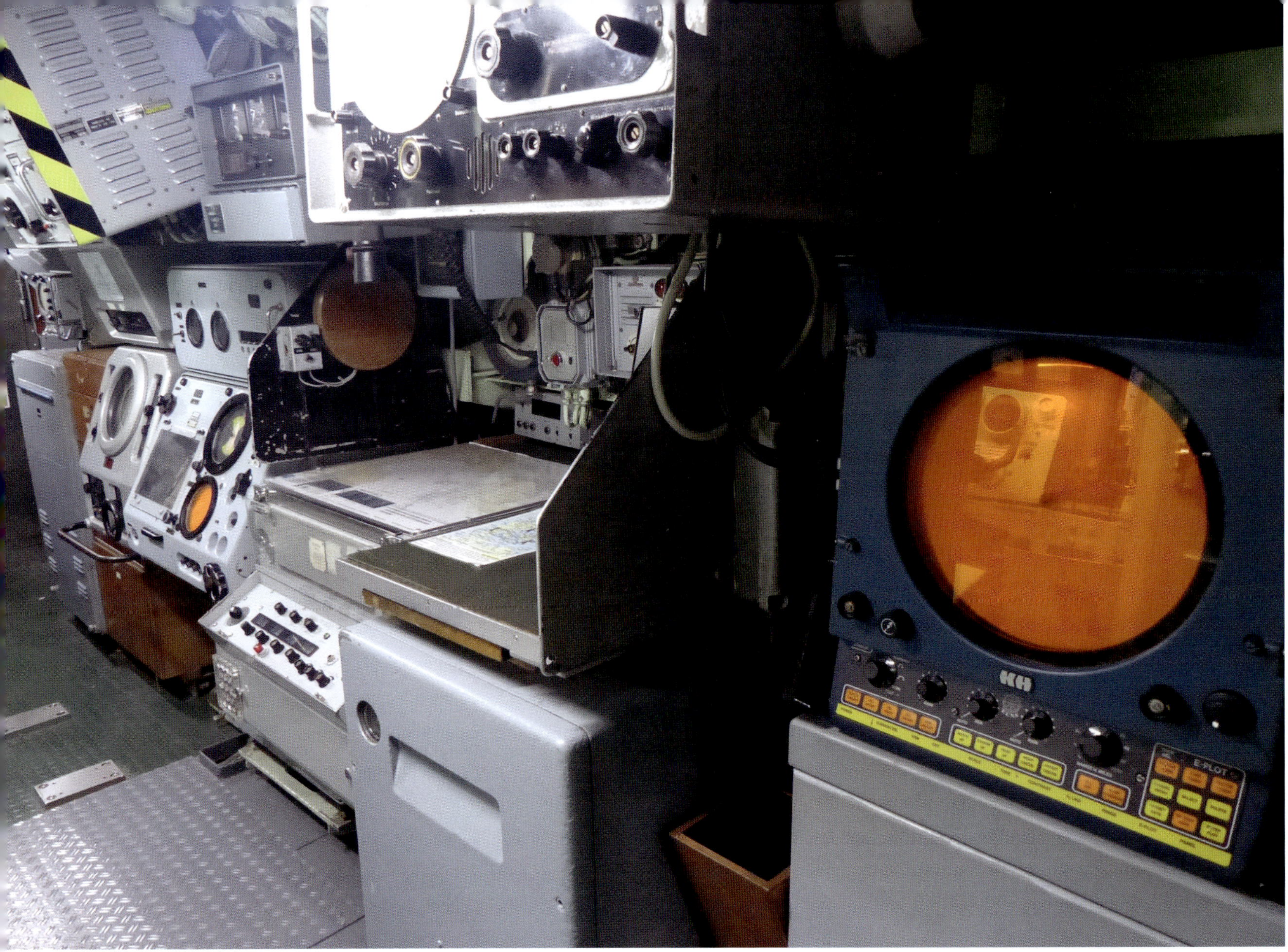

In der Operationszentrale war auf engstem Raum eine Vielzahl elektronischer Geräte angeordnet. (Foto: Hans Karr)

Gegenüber an Backbord sind die elektronischen Geräte für die sichere Teilnahme am Seeverkehr und für den operativen Einsatz des Bootes platziert. Neben dem Kartentisch für die Navigation und Lagebilderstellung sind unter anderem die Feuerleitanlage M 8/1 für den Einsatz der Torpedos, das Radar, das natürlich nur bei Überwasser- oder Schnorchelfahrt genutzt werden konnte, die Sonargeräte und die Gruppenhorchanlage vorhanden. Hier war auf Tauchfahrt der Platz des diensthabenden Wachoffiziers und des Navigationsmeisters, der auch als Steuermann bezeichnet wird, sowie je nach Lage auch der des Kommandanten.

Der Raum in der Bootsmitte zwischen der Schiffstechnik und der Operation trennt zum einen diese beiden Bereiche optisch voneinander ab und wird genutzt als Einbauort für die Ausfahrgeräte und ihres technischen Zubehörs. Im Einzelnen sind dies das Sehrohr, die Schnorchelanlage sowie die Antennen für das Radargerät und den Funkraum.

Die Ausfahrgeräte trennen den schiffstechnischen und operativen Bereich. Im Vordergrund ist die Schnorchelanlage und im Hintergrund ist noch das Standsehrohr sowie die Leiter für den Aufstieg in den Turm zu erkennen. (Foto: Hans Karr)

Auf dem weiteren Weg nach achtern passiert man in einem recht schmalen Gang die Schränke für die Schalttafeln der elektrischen Fahranlage. Über einen Fahrschalter wurden automatisch die druckluftbetätigten Leistungsschalter der Hauptschalttafeln ein- bzw. ausgeschaltet und so, je nach gewünschter Geschwindigkeit, die Drehzahl des E-Fahrmotors geregelt. An Backbord kommt noch die Räumlichkeit der einzig an Bord vorhandenen Toilette.

Am Fahrstand erfolgte die Steuerung der druckluftgesteuerten Leistungsschalter. (Foto: Hans Karr)

Die Schalttafel an Steuerbord mit den großen druckluftgesteuerten Leistungsschaltern. (Foto: Hans Karr)

Der Backbord-Dieselmotor und … (Foto: Hans Karr)

… der dazugehörige Generator. (Foto: Hans Karr)

Durch ein Schallschutzschott getrennt schließt sich nach achtern der Diesel- und E-Maschinenraum an. Zwei leistungsstarke amagnetische Mercedes-Benz Vier-Takt-Zwölf-Zylinder Dieselmotoren mit je 600 PS Leistung sind jeweils direkt mit einem Generator verbunden, der wiederum die Fahrbatterie mit Energie versorgte. Diese befindet sich in Form von Teilbatterien unter dem Wohnbereich und unter der OPZ / STZ. Der 1103 kW leistende Elektro-Fahrmotor wurde ausschließlich über die Fahrbatterie mit Strom versorgt und ist starr auf die Antriebswelle montiert. Die Dieselmotoren, wie auch der gesamte Motoren- und E-Maschinenraum, sind schalldämmend abgeschirmt.

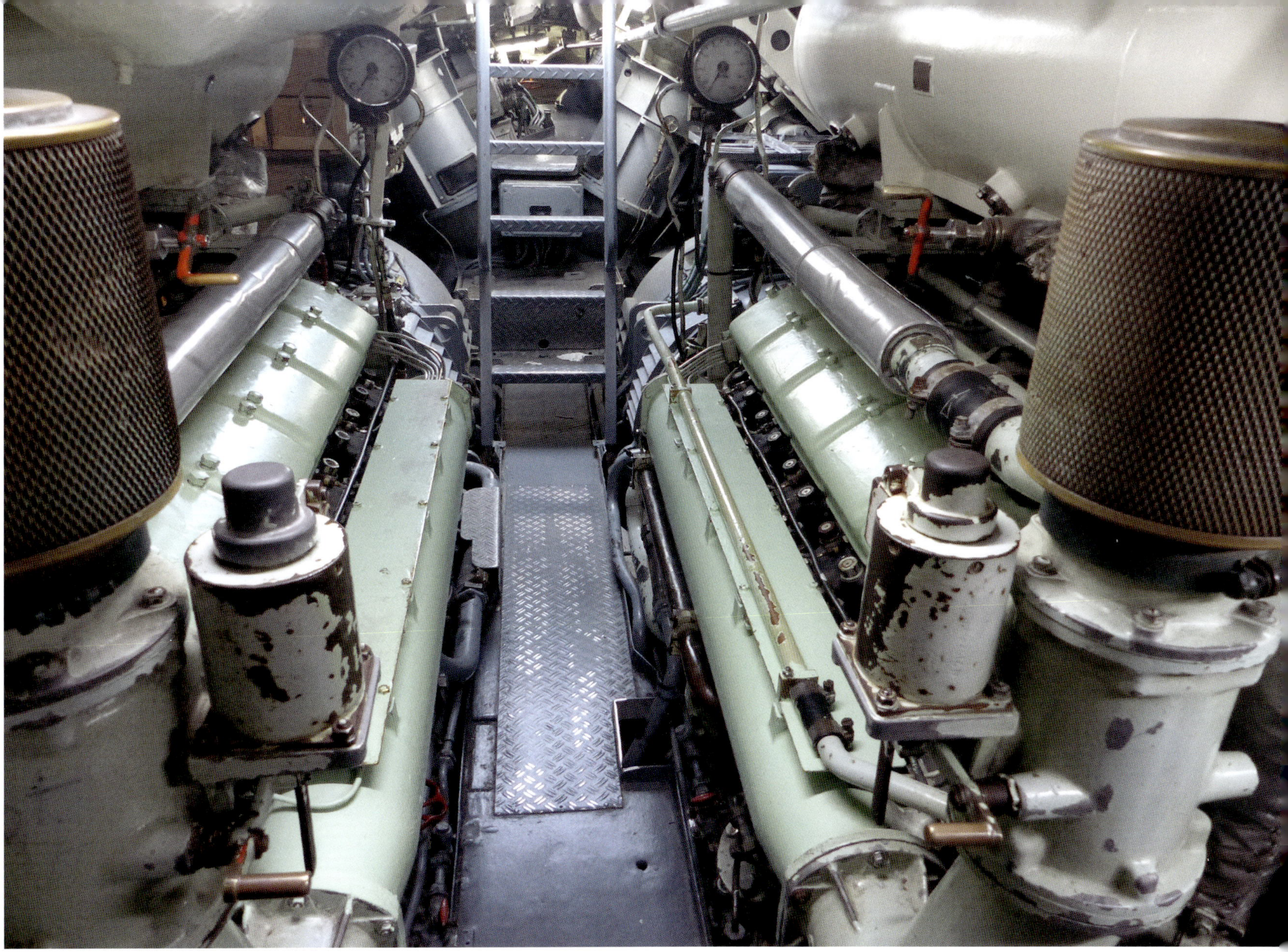

Der Motorenraum mit den beiden Dieselmotoren und Blickrichtung nach achtern. Hinter der Leiter ist der Elektro-Fahrmotor zu erkennen. (Foto: Hans Karr)

Vor dem Steuerbord-Dieselmotor befindet sich die Hydraulikstation. Hydraulische Antriebe hatten die Rudermotoren von den beiden Seitenrudern sowie dem hinteren und vorderen Tiefenruder, die Hubeinrichtungen der Ausfahrgeräte und die Arbeitskolben für die Mündungs- und Außenhautklappen der Torpedorohre.

In dieser schiffstechnischen Abteilung ist der Besucher auch am Ende seines Rundganges angekommen. Über eine Leiter gelangt er auf eine kleine Plattform an Oberdeck und kann über eine Wendeltreppe wieder sicher den Boden erreichen. Diese Ausgangsöffnung wurde eigens für die Abwicklung und Durchführung des Besucherverkehrs geschaffen und war natürlich zur aktiven Zeit von »U 9« nicht vorhanden.

Die Abbildung zeigt den Propeller, die beiden Seitenruder und darunter waagrecht angebracht das hintere Tiefenruder. (Foto: Hans Karr)

Bleibt noch der Hinweis auf den Vortrieb und die Seitensteuerung des Bootes. »U 9« hatte wie alle Vorgängerboote zwei Seitenruder, die links und rechts neben dem Propeller angeordnet waren. Danach hatte nur noch das Schwesterboot »U 10« diese Variante. Bei »U 11« und »U 12« sowie bei den dann folgenden U-Booten der »U 13«-Klasse / Klasse 206 war nur noch ein einzelnes und direkt hinter der Schraube angeordnetes Seitenruder vorhanden. Damit ließen sich diese Boote - insbesondere bei geringer Fahrtstufe - wesentlich besser manövrieren, da nun der Schraubenstrom direkt auf das Ruderblatt wirken konnte.

Das Museums-U-Boot »U 9« ist ein seit 30 Jahren im Freien stehendes Exponat und befindet sich in einem hervorragenden Zustand. Seit Juli 2014 unterstützt eine Gruppe von Mitgliedern des Verbandes Deutscher Ubootfahrer e.V. (VDU) das Technik Museum Speyer bei Pflege, Wartung und Instandhaltung des U-Bootes. Auch für Sonderführungen, zum Beispiel bei dem traditionellen jährlich Anfang Mai veranstalteten Brazzeltag des Museums, kommen diese Kameraden, die zum Teil noch auf »U 9« oder einem Schwesterboot gefahren sind, gerne auf das Museums-U-Boot zurück. Sie stehen dann interessierten Besuchern Rede und Antwort oder nehmen sie einfach mit auf eine kleine Zeitreise zurück in ihre eigene Seefahrtzeit auf U-Booten der Bundesmarine. An diesen Führungen herrscht allgemein reges Interesse und »U 9« ist dabei regelrecht mit Besuchern überfüllt. Es gibt dann in dem engen U-Boot kaum noch Platz.

Auch anderweitig kümmert sich die VDU-Gruppe um das Museums-U-Boot »U 9«. Mehrmals im Jahr rückt sie an einem Wochenende an. Auf dem Arbeitsprogramm stehen dann erst mal Reinschiff Arbeiten. Man kann kaum glauben, was die Besucher so alles an Müll hinterlassen. Alles war schon vorhanden: Getränkedosen, Schokoriegel, Papiertaschentücher und was es sonst noch so an Kleinkram gibt, der im Boden zwischen den Kabelsträngen und Leitungen verschwunden ist.

Zum Vergleich: Die Anordnung des Seitenruders auf dem U-Boot »U 11«. (Foto: Hans Karr)

Mag sein, dass auch das eine oder andere Teil unbeabsichtigt verloren ging.
Die Gruppe ist aber auch aktiv bei der musealen Ausgestaltung des Bootes. An allen wichtigen Geräten und Ausrüstungsgegenständen wurden erläuternde Beschriftungen angebracht. In einem Torpedorohr wurde eine Beleuchtung eingebaut, damit die Besucher bei geöffnetem Bodenverschluss - die Öffnung natürlich mit einer Plexiglasscheibe wieder gesichert, man denke an das Müllproblem - auch das sonst nicht sichtbare Innere bestaunen können. Auf einem Monitor läuft ein kurzer Filmausschnitt über die damals übliche Durchführung einer Torpedobeladung.

Immer noch vorhandene Verbindungen der Gruppe zur aktiven Marine und zu U-Bootfahrern halfen und helfen natürlich dabei, das Boot mit Originalrequisiten auszustatten. An einer Schaufensterpuppe wird zum Beispiel ein Tauchretter gezeigt.
Bei Außenarbeiten war die Gruppe bei einem neuen Anstrich und bei Konservierungsarbeiten behilflich. Auch die korrekte optische Gestaltung des Turms mit der ehemaligen NATO-Kennung, dem Bootsnamen und dem Bootswappen geht auf die VDU-Gruppe zurück.

Alles in Allem, die VDU-Gruppe hält »U 9« auf richtigem Kurs, was die Darstellung des U-Bootlebens und der U-Boottechnik aus den 1970er bis 1990er Jahre betrifft und unterstützt in allen Belangen das Technik Museum Speyer in der musealen Präsentation ihres Exponats, dem Museums-U-Boot »U 9«.

Ein enormer Besucherandrang herrscht bei den von der VDU-Gruppe durchgeführten Bootsführungen. (Foto: Hans Karr)

Der Verband Deutscher Ubootfahrer e.V.

Verband Deutscher Ubootfahrer e.V.

VDU

www.ubootfahrer.de

unterstützt das Technik Museum Speyer bei der Pflege und Wartung des Exponats
Unterseeboot „U 9"

(Foto: Technik Museum Speyer)

Kapitel 9

»U 13«-Klasse / Klasse 206 / 206A

Abschnitt 9.1 Bauprogramm und schiffbauliche Merkmale

Die Vorstudien und Planungen für die U-Boote Klasse 206, so die amtsinterne Bezeichnung der späteren U-Boote »U 13« bis »U 30«, gehen zurück bis in das Jahr 1962. Sie liefen somit nahezu parallel zum Bau der Klassen 205 und 205mod und hatten das Ziel leistungsfähigere und verbesserte U-Boote zu bauen. Wegen der Stahlkrise und den sich daraus ergebenden Konsequenzen kam es erst im August 1966 zu einem Konstruktionsvertrag mit dem Ingenieurkontor Lübeck. Mitte 1967 waren die Entwurfsarbeiten auf Basis der beiden Vorgänger-Klassen im Wesentlichen abgeschlossen.

Zur Ausschreibung von zunächst zwölf U-Booten an der die Werften Howaldtswerke Deutsche Werft (HDW, Kiel), Blohm+Voss (B+V, Hamburg), Rheinstahl-Nordseewerke (RNSW, Emden) und die Flender Werken (FLW, Lübeck) teilnahmen, kam es dann Mitte 1968. Demnach sollte das erste U-Boot im Dezember 1970 und das zwölfte Boot im November 1972 bei der Bundesmarine zulaufen. Die Werften B+V und FLW zogen allerdings im Laufe des Ausschreibungsverfahrens ihre Angebote wieder zurück. Für die beiden übrigen Werften HDW und RNSW erfolgte im Januar 1969 der Vertragsabschluss für den Bau von jeweils sechs U-Booten. Nach diesem Vertrag waren als Zulauftermine der Juni 1972 und der Februar 1974 für das erste und für das abschließende zwölfte Boot vorgesehen. Zudem bestand für sechs weitere Boote eine Option, die dann auch im März 1970 wahrgenommen wurde. Letztendlich kam es so zum Bau von acht U-Booten in Kiel und zehn U-Booten in Emden. Die genauen Baudaten der 18 U-Boote sind im Kapitel »Technische Daten, Baudaten und Verbleib« tabellarisch aufgelistet.

Die schiffstechnischen und waffentechnischen Anlagen wurden auf den neuesten Stand der Technik gebracht, wobei gegenüber den früheren U-Booten der Klassen 205 und 205mod die Grundkonzeption beibehalten wurde. Wie schon bei diesen Vorgängern war die amagnetische Bauweise eine Grundforderung. Die als Einhüllenboote ausgelegten U-Boote erhielten nochmalige Optimierungen hinsichtlich ihrer Geräuscharmut. Sie wiesen nur eine minimale Geräuschabstrahlung auf. Außerdem bekamen sie eine leistungsstärkere Batterie, um den steigenden Anforderungen der umfangreich vorgesehenen Elektronik ohne Einbußen beim Unterwasserfahrbereich gerecht werden zu können. Weiterhin erhöhte sich die ↑/↓-Verdrängung auf 498 / 568 Tonnen. Damit wurde die von der Westeuropäischen Union (WEU) mittlerweile für die deutschen U-Boote erlaubte Höchsttonnage voll ausgeschöpft.

Der Bau der Klasse 206 erfolgte in fünf Sektionen. Hinzu kam noch Außenschiffsteile und der Zentraleaufbau (Turm). Die Sektionen, die nachfolgend aufgelistet sind, wurden zunächst schiffbaulich fertiggestellt und dann ausgebaut.

Seitenriss der Klasse 206. (Foto: Mike1979Russia / CC-BY-SA 4.0)

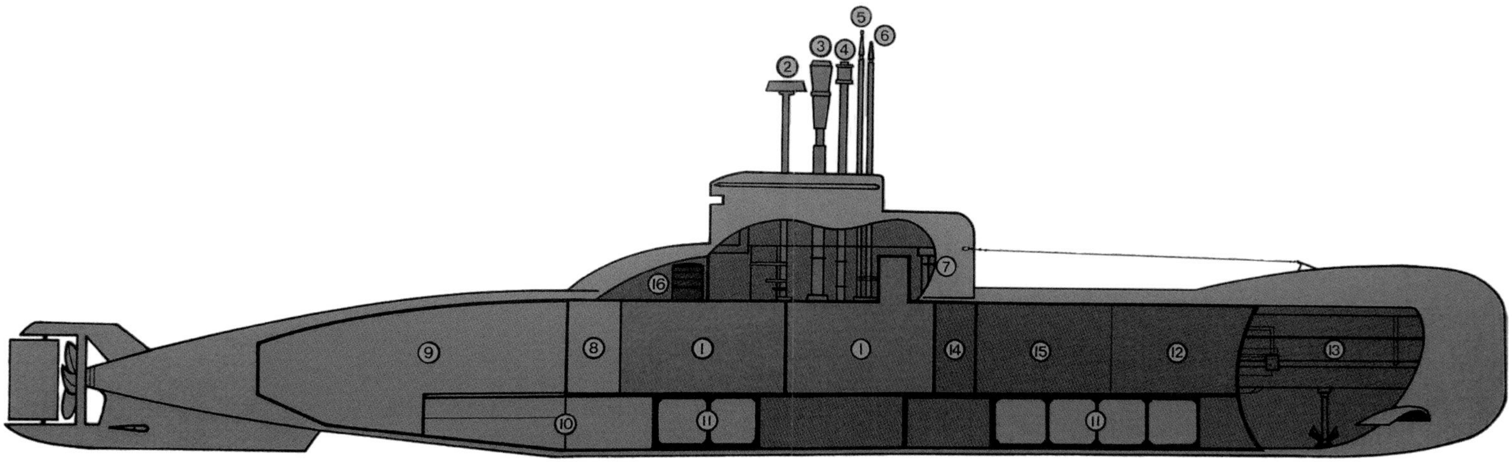

(Foto: Hans Karr / Ausschnitt von einem Werbeplakat aus dem Jahr 1981)

Sektion I	Hinterer Teil des Druckkörpers mit dem Elektro-Fahrmotor, dem Hinterschiff mit der Tauchzelle und der Ruderanlage
Sektion II	Vorderer Teil des Maschinenraums mit den Dieselgeneratoren und dem hinteren Teil der Schiffstechnischen Zentrale (STZ)
Sektion III	Vorderer Teil der STZ und die Operationszentrale (OPZ)
Sektion IV	Wohnraumbereich
Sektion V	Torpedorohrbereich einschließlich vorderer Endboden

Die sich daraus ergebende Raumaufteilung der Klasse 206 macht die Abbildung deutlich. Für die Ziffern gelten folgende Zuordnungen:

Schiffsoperation	1 = Operationszentrale / 2 = Radargerät / 3 = Schnorchel mit Navigationssehrohr / 4 = Stabantenne / 5 = UHF-Antenne / 6 = Angriffssehrohr / 7 = Aktivsonargerät
Schiffstechnik	8 = Schiffstechnische Zentrale / 9 = Motorenraum / 10 = Kraftsstoffbunker / 11 = Batterieräume
Schiffswaffen	12 = Torpedoraum / 13 = Torpedorohre
Wohnbereich	14 = Kombüse / 15 = Wohnbereich der Besatzung
Rettungsmittel	16 = Rettungsinsel

»Der wesentliche Vorteil dieses Sektionsbaus waren Kosten- und Zeitersparnisse. In dem engen und kleinen U-Boot können kaum mehr Arbeiter gleichzeitig tätig sein als die Besatzung beträgt. Durch die großen Angriffsflächen der an den Seiten offenen Sektionen ist hier jedoch ein mehr als fünffacher Einsatz von Arbeitern möglich. Dazu ist bei dieser Bauart auch die Anwendung rationell arbeitender Großmaschinen und Automaten möglich.« (zitiert nach: Rössler, Geschichte des deutschen Ubootbaus, Band 2, Seite 501)

Die U-Boote waren für eine Betriebstauchtiefe von 100 Meter ausgelegt, wobei rechnerisch eine 2,5-fache Sicherheit vorhanden war. Der röhrenförmige Druckkörper bildete die Außenhaut des Bootes und erstreckte sich über fast die gesamte Bootslänge. Achtern endete er in seiner Formgebung als Kegelstumpf mit dem Durchlass für die Antriebswelle und vorne in einer konkav geformten Fläche durch die die Torpedorohre nach außen geführt wurden. Der Druckkörper war strömungsgünstig verkleidet. In dieser Verkleidung waren achtern die Tauchzelle 1 und vorne die Tauchzellen 2, 3 und 4 eingebaut. Ferner befanden sich die beiden löffelförmig gestaltetet vorderen Tiefenruder in dieser ansonsten frei durchfluteten Bugverkleidung. Im unteren Bereich des Bugteils war zudem noch ein Anker untergebracht.

Markant für die Klasse 206 ist das durch die Außenverkleidung bestimmte fülligere Vorschiff in dem eine Kreisbasis für das Gruppenhorchgerät und Empfänger eines neuen passiven Sonars ihren Einbauort gefunden hatten. Außerdem waren hier auch die versenkbaren Poller für die Festmacherleinen vorhanden. Um bei einer Eislage eine Beschädigung der Bugsektion und der dort vorhandenen Außenklappen der Torpedorohre zu vermeiden, wurde ein eigens entwickelter Eisschutz für die Boote beschafft.

Die Turmform hat sich gegenüber der Vorgängerklasse wegen des Einbaus der neuen WSU-Sonaranlage erneut geändert. Der für die Unterbringung des Sonarschwingers hierfür notwendige Vorbau am Turm wurde auch bei Überwasserfahrt für die Platzierung der Brückenbesatzung genutzt. Für diese hatte es allerdings den Nachteil, dass die Männer bei einer Schlechtwetterlage und bei Seegang etwas früher als auf der Klasse 205 / 205mod, wo sie wesentlich höher standen, der Unbill der See ausgesetzt waren. Außerdem ging die auf diesen Vorgängerklassen vorhandene freie 360-Grad-Rundumsicht verloren. Wollte nun der Wachoffizier den Seeverkehr im rückwärtigen Bereich optisch kontrollieren, so musste er jetzt an der Turmverkleidung hochsteigen, um ein Sichtfeld nach achtern zu haben. Im Anbau am hinteren Ende des Turms befanden sich die Rettungsinsel und die versenkbaren Poller für die Festmacherleinen. Der Turm bildete auch die Verkleidung der Ausfahrgeräte und war frei durchflutet. Außerdem waren hier auch noch verschiedene Sensoren eingebaut.

Das Seitenruder wurde wie bei »U 11« und »U 12« direkt hinter dem Propeller und damit direkt im Schraubenstrom angeordnet. Damit ließen sich die Boote - insbesondere bei geringer Fahrtstufe sowie beim

Der voluminöse Bug der Klasse 206. Hier zu sehen das im Bau befindlichen U-Boot »U 20«. Gut zu erkennen sind die Außenklappen der Torpedorohre sowie der Öffnungsschlitz für das vordere Steuerbord Tiefenruder. Auch die Anordnung von Seitenruder, hinteres Tiefenruder und Propeller (hier abgedeckt) sind deutlich erkennbar. (Foto: Deutscher Marinebund)

Blick von der Brücke auf den voluminösen Bug der Klasse 206 / 206A. Das Boot läuft hohe Fahrt und wirft eine gewaltige Bugwelle auf. (Foto: Hans Karr)

Das U-Boot »U 19« mit Eisschutz. (Foto: Deutsche Marine)

An- und Ablegen - wesentlich besser manövrieren. Als Nachteil musste allerdings eine schwach ausgeprägte Geräuschabstrahlung in Kauf genommen werden. Unter dieser Ruderanordnung war waagrecht, in ein Steuerbord und Backbord Ruderblatt unterteilt, das hintere Tiefenruder vorhanden.

Eine Neuigkeit auf der Klasse 206 war auch der als See-Elefant bezeichnete Schnorchel mit eingebautem Navigationssehrohr. Damit besaß die Klasse zwei Sehrohre. Außerdem kam man jetzt im Schnorchelbetrieb ohne das Angriffssehrohr aus, das zuvor auf den Klassen 205 und 205mod zur Kontrolle der Überwasserlage und zur Sicherheit des Bootes als zweites Ausfahrgerät immer mit ausgefahren werden musste. Ausgefahrene Ausfahrgeräte sind immer verräterisch. Im taktisch-operativen Einsatz versucht man daher deren Anzahl möglichst klein zu halten.

Die Oberseite des U-Bootturms mit den Schlitzen und Durchbrechungen für die Ausfahrgeräte. Rechts die geöffnete Tür zum Betreten der Brücke. Die angebrachten Scheiben brachten der Brückenbesatzung einen Schutz vor Spritzwasser. (Foto: Hans Karr)

Der Turm auf der Klasse 206. Hier am Beispiel von »U 13«. Erkennbar sind v.l.n.r das Brückenpersonal, die Ausfahrgeräte und das Manöverpersonal. (Foto: Hans Karr)

Die Klasse 206 hatte eine klare räumliche Trennung von Operationszentrale (OPZ) und Schiffstechnischer Zentrale (STZ). Die Ausfahrgeräte, die mittig durch die OPZ führten, waren aus Sicherheitsgründen mit einem Schutzkäfig umgeben.

Drahtgelenkte Torpedos und eine verbesserte Sensorik sowie modernere Ortungs- und Feuerleitanlagen erhöhten die Kampfkraft der Klasse 206. Für die Mitnahme von Seeminen wurde ein auf das Vorschiff überstülpbarer Minengürtel konstruiert. Dadurch konnte man vermeiden, dass die Mitnahme von Minen zu Lasten der Torpedokapazität ging.

Am 19. April 1973 stellten mit »U 13« und »U 14« die beiden ersten Einheiten in Dienst. Mit den Indienststellungen von »U 26« und »U 30« am 13. März 1975 sowie »U 23« am 2. Mai 1975 war das Bauvorhaben beendet. Dem für sie neu aufgestellten 3. Ubootgeschwader in Eckernförde wurden »U 13« bis »U 24« zugeteilt. »U 25« bis »U 30« ergänzten im 1. Ubootgeschwaders in Kiel die sechs vorhandenen Einheiten der Klasse 205mod.

Im Vergleich zu ihren Vorgängern waren die U-Boote der Klasse 206 unter Einbeziehung der bisher gemachten technischen, operativen und taktischen Erfahrungen sowie mit Neuerungen und Weiterentwicklungen der technischen und waffentechnischen Anlagen entworfen und gebaut worden. Sie waren optimal für die Kriegführung in der Ostsee, den Ostseezugängen, der Nordsee und den angrenzenden Seegebieten zugeschnitten und konnten in küstennahen und flachen Gewässern erfolgreich operieren. Während sich die Schiffstechnik im Allgemeinen uneingeschränkt bewährte, kamen die Sensoren, die Feuerleit- und Fernmeldeanalgen jedoch allmählich in die Jahre und entsprachen nicht mehr dem gültigen technischen Standard. Als logistische Probleme hinzukamen und so die Betriebskosten der Boote in die Höhe schnellten, entschloss sich die Marine zu einer umfassenden Modernisierung.

Mit Ausnahme von »U 13«, »U 14«, »U 19«, »U 20«, »U 21«, und »U 27« wurden die U-Boote der Klasse 206 in den Jahren 1987 bis 1992 zur Klasse 206A umgebaut. Bei dieser Umrüstung erhielten sie ein modernes Sonar, ein Lagebearbeitungs- und Waffeneinsatzsystem, eine verbesserte Fernmeldeeinrichtung und eine leistungsfähigere Navigationsanlage. Durchgeführt wurden auch Maßnahmen zur Verbesserung der Lebens- und Arbeitsbedingungen. Die bislang bewährte Schiffstechnik blieb im Wesentlichen unverändert. In einem zweiten Umrüstungsabschnitt erhielten die Boote 1995 / 1996 modernere Drahtlenktorpedos eingerüstet. Mit dieser gründlichen Modernisierung wurde eine wesentliche Leistungssteigerung erzielt und die Einsatzfähigkeit für die folgenden Jahre sichergestellt.

Die nicht umgebauten Einheiten stellten in den Jahren 1996 (»U 20«, »U 27«), 1997 (»U 13«, »U 14«) und 1998 (»U 19«, »U 21«) außer Dienst

Ein U-Boot der Klasse 206A im März 2002 bei einer Werftliegezeit. Rechts ist bereits »U 31«, das erste Boot der nachfolgenden Klasse 212A, im Bau. (Foto: Howaldtswerke Deutsche Werft)

U-Boote der Klasse 206 im April 1976 und ... (Foto: Hans Karr)

... U-Boote der Klasse 206A im Oktober 2005 in ihrem Heimathafen Eckernförde an der Pier liegend. Äußerlich nicht zu unterscheiden, doch in ihrem Innenleben grundverschieden. (Foto: Hans Karr)

Das israelische Museums-U-Boot »Gal« gehört streng genommen nicht zur Klasse 206. Die »verwandtschaftliche Beziehung« ist jedoch unverkennbar. (Foto: Shayelboim / CC-BY-SA 4.0)

und wurden in der Folge abgewrackt. Knapp zehn Jahre später begann ein zweiter »Außer-Dienststellungs-Schub«. Mit »U 28« (2004), »U 26« (2005), »U 29« (2006) und »U 30« (2007) verließen die ersten Boote der Klasse 206A die Flotte mit gleichem Schicksal. Im Jahre 2008 holten auch »U 22« und »U 25« Flagge und Wimpel nieder.

Die sechs restlichen U-Boote der Klasse 206A sollten eigentlich noch bis zum Zulauf des zweiten Bauloses der Klasse 212A im Dienst bleiben bzw. sukzessive bis 2015 außer Dienst gestellt werden. Doch dann kam plötzlich alles ganz anders. Auch die Marine musste sich den Sparzwängen der Bundeswehr unterordnen. Im Juni 2010 wurde verfügt, die Boote mit sofortiger Wirkung aus der Fahrbereitschaft zu nehmen. Am 30. August 2010 liefen alle sechs U-Boote nochmals in Formation fahrend gemeinsam aus Eckernförde aus und verabschiedeten sich so von der Flotte. Damit endete die rund 35-jährige Ära der Klasse 206 / 206A in der Deutschen Marine.

Ergänzend sei auch noch auf die israelische »Gal«-Klasse hingewiesen. Drei Einheiten wurden auf der britischen Werft Vickers in Barrow nach Entwürfen des Ingenieurkontors Lübeck und auf Basis der deutschen U-Boote der Klasse 206 gebaut. Sie stellten 1976 / 1977 als »Gal«, »Tanin« und »Rahav« für die israelische Marine in Dienst. Die U-Boote, die auch als Typ 540 bezeichnet werden, verdrängten ↑/↓ 600 / 670 Tonnen. Sie hatten eine Länge von rund 49 Meter und waren mit Torpedos und Flugkörpern bewaffnet. Mit dem Zulauf der in Deutschland gebauten U-Boote der »Dolphin«-Klasse wurden sie nach der Jahrtausendwende nach und nach ersetzt und außer Dienst gestellt. Mit dem Museums-U-Boot »Gal« ist seit Oktober 2007 in Haifa im dortigen Marinemuseum auch ein Boot dieser Klasse der Nachwelt erhalten geblieben. Die Umbauten zum Museumsschiff wurden übrigens bei den Kieler Howaldtswerken durchgeführt.

Abschnitt 9.2 Schiffstechnische Anlagen

Wie schon an anderer Stelle bereits erwähnt war auf der Klasse 206 eine klare räumliche Trennung von Operationszentrale (OPZ) und Schiffstechnischer Zentrale (STZ) vorhanden. Letztere betrat man von der OPZ kommend durch ein Pendelschott. An der Steuerbordseite befanden sich die Seiten- und Tiefenruderstände zum Steuern des Bootes. Im Gegensatz zur Klasse 205mod saß der Seitenrudergänger aber jetzt um 90 Grad gedreht - ebenso wie die beiden rechts von ihm sitzenden

Nach der Anzeige auf der Kompassrose steuerte der Seitenrudergänger nach Anweisung des Wachoffiziers das Boot. Unmittelbar links davon ist die Ringleitung mit einer Einstöpselstelle der Atemnotluftanlage zu sehen. (Foto: Hans Karr)

Tiefenrudergänger - mit Blick auf die Bordwand vor seinem Steuerpult sowie den Mess- und Kontrollanzeigen. Der Seitenrudergänger erhielt seine Befehle für die Kurssteuerung von dem in der OPZ befindlichen Wachoffizier.

Die beiden Tiefenrudergänger unterstanden bei Tauch- und Schnorchelfahrt respektive bei der Fahrt auf Sehrohrtiefe dem Tiefensteuerleiter, der für die Kontrolle und Überwachung der Anlagen sowie für das Fahrverhalten des Bootes dem Kommandanten gegenüber verantwortlich war. Je nach Situation und Lage waren dies der Schiffstechnische Offizier (STO), der Motorenmeister (Mot-Meister) oder der Elektromeister (E-Meister).

Zu sehen sind in der Ruderecke links der Platz des Seitenrudergängers und rechts der Platz des vorderen Tiefenrudergängers sowie deren Bedien- und Kontrollinstrumente. (Foto: Hans Karr)

Links der Tiefenrudergänger für das vordere Tiefenruder und rechts für das hintere Tiefenruder. (Foto: Deutsche Marine)

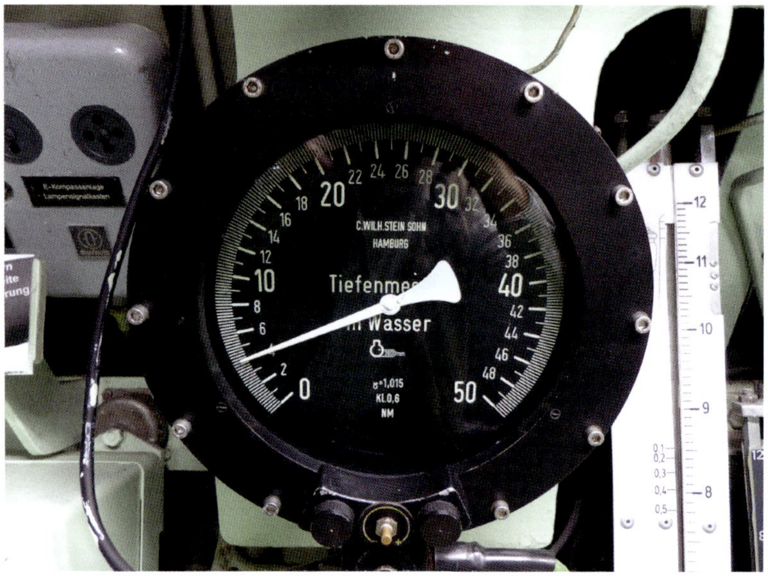

Tiefenmanometer für den Bereich bis zu 50 Meter Tauchtiefe. (Foto: Hans Karr)

Der Papenberg Tiefenmesser diente der exakten Tiefensteuerung beim Fahren auf Sehrohrtiefe. Das rechte Messgerät ist der Trimmanzeiger. Die Abbildung stammt vom Museums-U-Boot »U 9«. (Foto: Hans Karr)

Tiefenmanometer für den Bereich bis zu 250 Meter Tauchtiefe. (Foto: Hans Karr)

Die vorderen Tiefenruder waren löffelförmige gestaltet. Das Steuerbord-Tiefenruder ergab einen Auftrieb und … (Foto: Hans Karr)

... das Backbord-Tiefenruder einen Abtrieb. Die beiden Aufnahmen stammen vom Museums-U-Boot »U 9«. (Foto: Hans Karr)

Die wichtigsten Kontrollinstrumente für das Tiefensteuerpersonal waren die beiden Tiefenmanometer für die Messbereiche 0 bis 50 Meter und 0 bis 250 Meter sowie als Feinanzeige bei Schnorchelfahrt und bei Fahrt auf Sehrohrtiefe der sogenannte Papenberg, dessen Messprinzip auf dem Zusammendrücken eines Luftpolsters beruht. Feinste Steig- oder Falltendenzen des Bootes waren am Glasrohr des Papenbergs sofort erkennbar und mussten durch entsprechende Ruderlagen ausgeglichen werden. Ein weiteres bedeutendes Messinstrument - direkt neben dem Papenberg ngebracht - war die Trimmanzeige mit der die Lastigkeit des Bootes angezeigt wird und die dann ebenfalls mit Tiefenruderlagen bzw. durch Umpumpen von Wasser zwischen den vorderen und den hinteren Trimmzellen auszugleichen war.

Das Steuerbord Ruderblatt vom hinteren Tiefenruder, die Schiffsschraube mit Sicherungsring als Schraubenschutz und das Seitenruder von dem Museums-U-Boot »U 17«. (Foto: Technik Museum Sinsheim)

Noch eine Bemerkung zum Tiefenmanometer für den Bereich von 0 bis 250 Meter Tauchtiefe. Diese Tiefe hätte die volle Ausnutzung der 2,5-fachen Sicherheit bedeutet und wäre der absolute Notfall gewesen. Die Betriebstauchtiefe der Klasse 206 betrug 100 Meter, die beim Einnehmen einer befohlenen Tauchtiefe im 100-Meter-Bereich zum Einsteuern des Bootes nur kurzzeitig und geringfügig überschritten werden durfte.

Die Formgebung der Tiefenruder entsprach derjenigen der Vorgängerboote. Die vorderen Anlagen waren löffelförmig gestaltet. Das Steuerbord-Ruder (konvexer Einbau) ergab einen Auftriebsmoment und das Backbord-Ruder (konkaver Einbau) einen Abtriebsmoment. Je nach gewünschter Tendenz war das eine oder andere Ruder mehr oder weniger ausgefahren. Bei Nulllage waren beide Tiefenruder eingefahren. Das hintere Tiefenruder war waagrecht am Bootsende im Bereich des Seitenruders und der Schiffsschraube angebracht und in ein Steuerbord und Backbord Ruderblatt unterteilt.

Die Trimm- und Lenzecke mit den Ventilen für die Hoch- und Niederdruckluftverteiler und den Handkurbeln für die Lenz- und Trimmeinrichtungen. Rechts am Bildrand ist das Fahrpult für den Elektro-Fahrmotor zu erkennen. (Foto: Hans Karr)

Unmittelbar neben den Steuerständen folgte in Richtung Achterschiff die Trimm- und Lenzecke mit den Ventilen für die Hoch- und Niederdruckluftverteiler und den Handkurbeln für die Lenz- und Trimmeinrichtungen.

Ein U-Boot hat zwei Schwimmlagen, eine über Wasser und eine unter Wasser. In beiden Fällen muss die Bootskonstruktion das Archimedische Prinzip erfüllen. Durch den laufenden Seebetrieb ändern sich die Gewichte und die Umfänge der verschiedensten Verbrauchsstoffe und beim Durchfahren von Seegebieten mit verschiedenen Seewasserdichten entstehen unterschiedliche Auftriebskräfte. Diese immer wieder neu auftretenden Differenzen am Bootsgewicht und der Schwimmlage müssen bei Tauchfahrt ständig ausgeglichen werden. Dies geschieht durch das Verändern der Füllzustände der Bunker, Tanks und Zellen. Die hierzu notwendigen Bedienelemente sind in der Trimm- und Lenzecke zusammengefasst.

Den Begriffen Bunker, Tanks und Zellen sind feststehende Inhalte zugeordnet. In Bunkern erfolgt die Mitführung des Kraftstoffes, in Tanks werden Öle und Schmierstoffe gelagert und das an Bord - für welchen Zweck auch immer - benötigte oder im Betrieb anfallende Wasser befindet sich in Zellen. Außerdem stehen Bunker, Tanks und Zellen immer in Verbindung mit einer Bordwand. Ist dies nicht der Fall, spricht man von Behältern.

Die für das Tauchen eines U-Bootes und für seinen Unterwasserbetrieb wichtigsten Zellen sind die Tauch-, Regel- und Trimmzellen. Die nachfolgenden drei Funktionsbeschreibungen sind dem Buch »U-Bootbau« von Ulrich Gabler entnommen.

- Tauchzellen verleihen dem Boot den für die Überwasserfahrt notwendigen Auftrieb. Sie sind daher bei Überwasserfahrt leer und bei Unterwasserfahrt vollständig geflutet. Bei Unterwasserfahrt kommunizieren sie mit dem Außenwasser; sie sind daher kein Bestandteil der druckfesten Verdrängung. Bei Überwasserfahrt schwimmt das Boot auf den Luftpolstern in den Tauchzellen; daher stehen die Tauchzellen über Wasser unter Innendruck.

- Regelzellen dienen dazu, das Gewicht des Bootes so zu regeln, dass es der druckfesten Unterwasserverdrängung entspricht. Die Regelzellen werden mittschiffs möglichst in der Nähe des Längenschwerpunktes der druckfesten Unterwasserverdrängung angeordnet. Sie liegen innerhalb der druckfesten Verdrängung und können wahlweise von See geflutet bzw. nach See gelenzt werden.

- Trimmzellen sind ein Teil der Trimmeinrichtung. Diese dient dazu, den Gewichtsschwerpunkt des Bootes vertikal unter den Unterwasserverdrängungsschwerpunkt zu bringen, damit das Boot nullastig eingesteuert werden kann. Die gleich großen Trimmzellen werden innerhalb der druckfesten Verdrängung möglichst weit vorn bzw. hinten angeordnet. Die Trimmzellen sind miteinander durch die Trimmleitung verbunden. Beim Trimmen wird Wasser wechselseitig geräuscharm hin und her bewegt. Die Trimmwassermenge ist halb so groß wie das gesamte Trimmzellenvolumen.

Das Tauch- wie auch das Auftauchmanöver lassen sich vereinfacht wie folgt beschreiben. Nachdem als Letzter der Kommandant die Brücke verlassen und das Turmluk geschlossen hatte, gab er den Befehl zum Tauchen. Jetzt wurden alle Entlüftungen der Tauzellen geöffnet. Mit der entweichenden Luft verlor das Boot seinen Auftrieb und begann zu sinken.

Der STO hatte nun die Aufgabe die vom Kommandanten befohlene Tauchtiefe sicher anzusteuern. Dazu musste er sich vor dem Manöver einen Überblick über das Gewicht des Bootes gemacht haben. Dies geschah mit dem Erfassen, der U-Bootfahrer sagt hierzu dem Peilen, der Füllzustände der Bunker, Tanks und Zellen. Mit diesen Werten war der STO in der Lage das Gewicht des Bootes zu errechnen. Die gewünschte Tauchtiefe konnte somit dynamisch mit den Tiefenrudern und mit kleinen Änderungen der Propellerumdrehungen erreicht werden. Da-

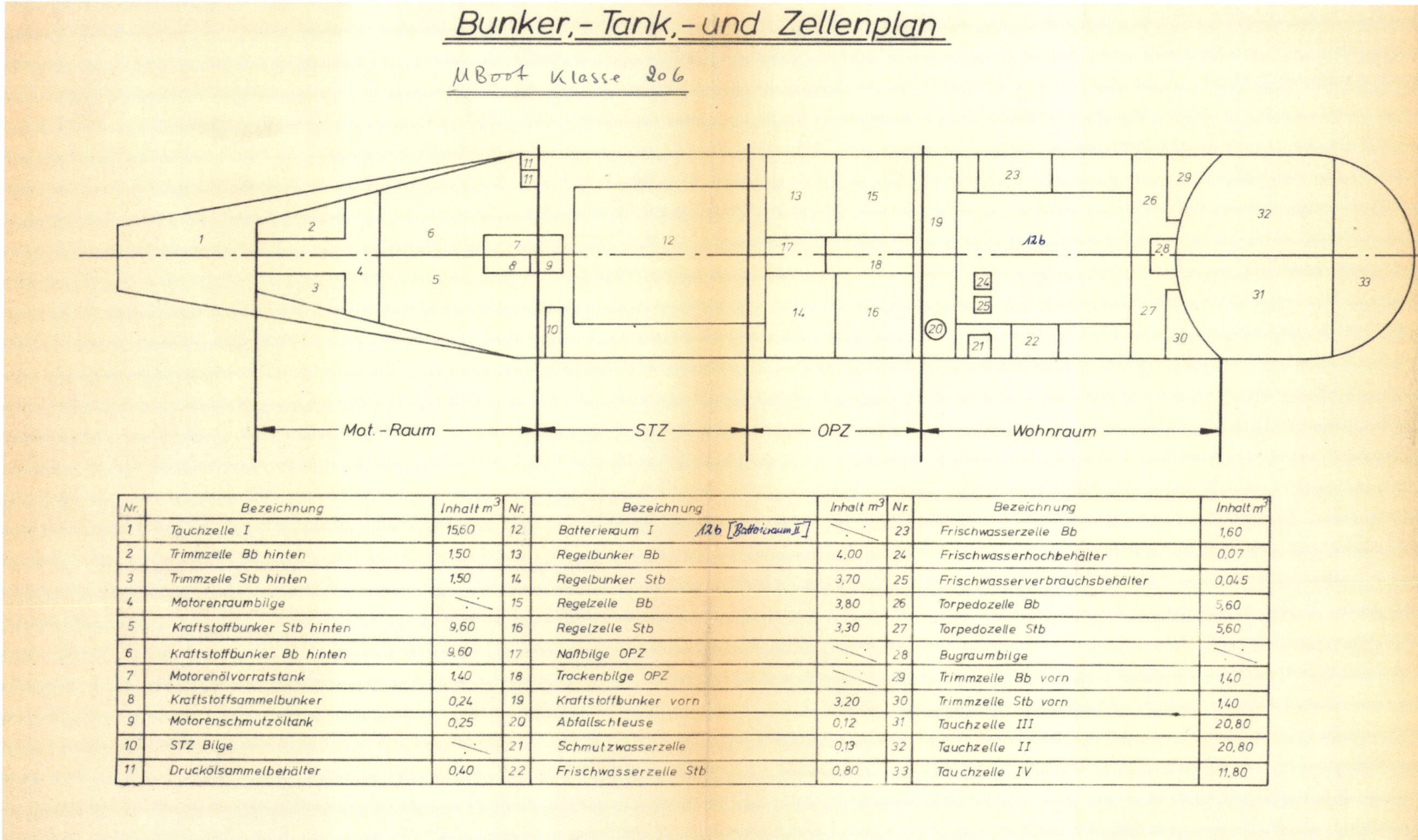

Bunker,- Tank,- und Zellenplan

UBoot Klasse 206

Nr.	Bezeichnung	Inhalt m^3	Nr.	Bezeichnung	Inhalt m^3	Nr.	Bezeichnung	Inhalt m^3
1	Tauchzelle I	15,60	12	Batterieraum I 12b [Batterieraum II]	–	23	Frischwasserzelle Bb	1,60
2	Trimmzelle Bb hinten	1,50	13	Regelbunker Bb	4,00	24	Frischwasserhochbehälter	0,07
3	Trimmzelle Stb hinten	1,50	14	Regelbunker Stb	3,70	25	Frischwasserverbrauchsbehälter	0,045
4	Motorenraumbilge	–	15	Regelzelle Bb	3,80	26	Torpedozelle Bb	5,60
5	Kraftstoffbunker Stb hinten	9,60	16	Regelzelle Stb	3,30	27	Torpedozelle Stb	5,60
6	Kraftstoffbunker Bb hinten	9,60	17	Naßbilge OPZ	–	28	Bugraumbilge	–
7	Motorenölvorratstank	1,40	18	Trockenbilge OPZ	–	29	Trimmzelle Bb vorn	1,40
8	Kraftstoffsammelbunker	0,24	19	Kraftstoffbunker vorn	3,20	30	Trimmzelle Stb vorn	1,40
9	Motorenschmutzöltank	0,25	20	Abfallschleuse	0,12	31	Tauchzelle III	20,80
10	STZ Bilge	–	21	Schmutzwasserzelle	0,13	32	Tauchzelle II	20,80
11	Druckölsammelbehälter	0,40	22	Frischwasserzelle Stb	0,80	33	Tauchzelle IV	11,80

Die Mitte der 1970er Jahre in der U-Bootausbildung den Lehrgangsteilnehmern ausgehändigte Unterlage zeigt den Bunker-, Tank- und Zellenplan der Klasse 206. (Foto: Archiv Autor)

nach wurde das Boot mit den Trimm- und Regelzellen eingesteuert und der Tauchvorgang war beendet.

Beim Auftauchmanöver wurde auf Befehl des Kommandanten das Boot wiederum vom STO dynamisch auf zehn Meter Tauchtiefe gebracht. Das entsprach der Sehrohrtiefe. Der Kommandant und der Wachoffizier hatten schon zuvor in der sicheren Tiefe über die passiven Sonaranlagen die Überwasserlage ermittelt. Jetzt wurde dies durch den Kommandanten mit einem schnellen Sehrohrrundblick überprüft. War eine Gefahrenlage durch Schiffe vorhanden, so konnte man schnell wieder auf eine sichere Tiefe gehen. War alles in Ordnung, so gab der Kommandant den Befehl zum Auftauchen.

Jetzt wurde auf die Tauchzellen Druckluft gegeben und damit das Wasservolumen herausgedrückt. Das Boot kam so wieder an die Oberfläche, was der STO an seinen Messinstrumenten feststellen konnte. Als Erster stieg nun der Kommandant in das Turmluk, öffnete den Lukendeckel und überprüfte auf der Brücke sofort die Überwasserlage. Unterdessen lief das Ausblasen der Tauchzellen weiter. Kamen vorne und achtern die großen »Blubbern« an die Oberfläche, ließ der Komman-

Der Zentralemaat und der Elektromaat auf ihren Arbeitsplätzen in der Trimm- und Lenzecke bzw. am Fahrstand. (Foto: Deutsche Marine)

Die an Backbord in der STZ stehende Hauptschalttafel mit den druckluftbetätigten Leistungsschaltern für die Fahrbatterie. (Foto: Hans Karr)

dant das Ausblasen beenden und den technischen Betrieb des Bootes für Überwasserfahrt herstellen.

Weitere wichtige Einrichtungen für den Betrieb eines U-Bootes sind die Kraftstoffbunker. Im Gegensatz zu den Überwasserschiffen wird auf U-Booten in den Bunkern der Kraftstoff auf dem Wasser schwimmend gefahren. Die Entnahmeleitungen beginnen oben und dienen später bei einer Kraftstoffübernahme gleichzeitig zur Befüllung. Die Förderung des Kraftstoffs in die Tagesverbrauchsbehälter, aus denen dann die Dieselmotoren den Kraftstoff zugeführt bekommen, geschieht durch Druckwasser. Die diesbezüglichen Leitungen sind als Abzweigungen zur Kühlwasserleitung der Dieselmotoren ausgelegt und führen zu den tiefsten Stellen im Bunker.

Mit diesem System ist sichergestellt, dass in den Bunkern keine freien Oberflächen entstehen, denn das Volumen des verbrauchten Kraftstoffs wird so automatisch durch ein gleich großes Wasservolumen ersetzt. Den entstehenden Gewichtsunterschied muss der STO bei seinen Gewichtsberechnungen berücksichtigen.

Die zwischengeschalteten Kraftstoffbehälter, aus denen die Dieselmotoren ihren Kraftstoff erhalten, sind deshalb notwendig, um eventuell aus dem Bunker mitgerissenes Wasser wieder vom Kraftstoff zu trennen. Zwei solcher Behälter sind dabei im Gebrauch. Einer dient - zumeist im täglichen Wechsel - als Setzbehälter und einer als Verbrauchsbehälter.

Da das in den Kraftstoffbunkern zurückgebliebene Druckwasser nie sauber, sondern mit Kraftstoffverschmutzungen belastet ist, kann es bei der nächsten Kraftstoffübernahme nicht einfach nach außenbords gepumpt werden. Zur Entsorgung wird es deshalb an den Tender abgegeben.

Unmittelbar neben der Trimm- und Lenzecke befand sich das Fahrpult. Über einen Fahrschalter wurden automatisch die druckluftbetätigten Leistungsschalter der Hauptschalttafeln ein- bzw. ausgeschaltet. Die recht umfangreichen Schränke der Hauptschalttafel waren zwischen STZ und Motorenraum eingebaut.

Durch ein Schallschutzschott getrennt schloss sich nach achtern der Motoren- und E-Maschinenraum an. Zwei amagnetische leistungsstarke MTU MB 820 Vier-Takt-Zwölf-Zylinder Dieselmotoren mit einer Dauerleistung von je 600 PS waren jeweils direkt mit einem Generator verbunden, der wiederum die Fahrbatterie mit der erzeugten Energie versorgte. Die Fahrbatterie befand sich in Form von drei Teilbatterien mit jeweils 48 Doppelakkuzellen unter dem Wohnbereich und unter der STZ. Das Gesamtgewicht der Batterie belief sich auf 3 x 31 Tonnen. Der Elektro-Fahrmotor wurde ausschließlich über die Fahrbatterie mit Strom versorgt und war starr mit der Antriebswelle verbunden. Er hatte eine maximale Dauerleistung von 1103 kW.

Je nach gewünschter Geschwindigkeit wurde die Drehzahl des E-Fahrmotors, auch als Prop-E-Motor (Propeller-Elektro-Motor) bezeichnet, am Fahrpult geregelt. Fünf Fahrtstufen waren durch Parallel- oder Reihenschaltung der Fahrbatterien möglich.

- Fahrtstufe 1 28-30 Umdrehungen / Minute
- Fahrtstufe 2 54-98 Umdrehungen / Minute
- Fahrtstufe 3 98-140 Umdrehungen / Minute
- Fahrtstufe 4 140-200 Umdrehungen / Minute
- Fahrtstufe 5 218-250 Umdrehungen / Minute

Bei 80 Prozent Batterieentladung stellten sich die Unterwasserfahrbereiche und die möglichen Unterwasserfahrzeiten wie folgt dar:

• 280 Seemeilen bei vier Knoten	entspricht einer Fahrzeit von 70,0 Stunden
• 135 Seemeilen bei acht Knoten	entspricht einer Fahrzeit von 16,9 Stunden
• 20 Seemeilen bei 16 Knoten	entspricht einer Fahrzeit von 1,25 Stunden

Die amagnetischen Dieselmotoren, wie auch der gesamte Motoren- und E-Maschinenraum, waren schalldämmend abgeschirmt.

Für den Notfall wurde Anfang der 1980er Jahre auf den U-Booten der Klasse 206 in den Tauchzellen ein Notausblasesystem eingebaut. Es sollte in Notfällen wie etwa das Klemmen der Tiefenruder, einem plötzlichen großen Wassereinbruch oder einer Kollision mit einem Schiff oder anderem U-Boot, dazu dienen das Boot schnell an die Oberfläche zu bringen. Bei dieser Anlage handelte es sich um einen Hydrazin-Gaserzeuger, der, einmal durch Knopfdruck in der STZ ausgelöst, innerhalb kürzester Zeit das Boot durch schnelles Ausblasen der Tauchzellen nach oben gebracht hätte. Bei den vor der Einführung durchgeführten Erprobungen dieses Systems auf »U 19« gelangte das Boot nach der Zündung innerhalb von 26 Sekunden aus 84 Meter Wassertiefe an die Oberfläche, die es dabei mit einem Winkel von etwa 45 Grad Achterlastigkeit durchbrach. Es war schon ein imposanter Anblick ein 500-Tonnen-U-Boot wie ein Delphin aus dem Wasser schießen zu sehen. Der Nachteil dieses Systems ist, dass Hydrazin (N_2H_4) eine gefährliche, umweltgefährdende und giftige Stickstoff-Verbindung ist. Entsprechende Sorgfalt war beim Umgang geboten.

Eine weitere wichtige Rettungseinrichtung war die Atemnotluftanlage (ANA). Über das gesamte Bootsinnere war eine Ringleitung mit einem O_2-He-Gemisch verlegt. In kurzen Dezimeter-Abständen waren Einstöpselstellen vorhanden, an denen man einen Atemschlauch einstecken konnte. Durch die Vielzahl der vorhandenen Anschlussstellen konnte man sich bei ständigem Wechseln zwar eingeschränkt aber dennoch der Situation entsprechend fast frei im Boot bewegen. Mit der ANA wäre im Brandfall bei verrauchtem Boot für die Besatzung eine Atemmöglichkeit vorhanden gewesen. Ebenso, wenn man im äußersten Notfall das Boot hätte aufgeben müssen. Die Besatzung wäre mit der ANA ausreichend mit Atemluft versorgt gewesen und hätte dann Mann für Mann das nun geflutete Boot geordnet verlassen können.

In der Enge des Dieselmotorenraums ist nur wenig Platz. (Foto: Deutsche Marine)

Der Elektro-Fahrmotor am äußersten hinteren Ende des U-Bootdruckkörpers. (Foto: Hans Karr)

Abschnitt 9.3 Bewaffnung und Waffeneinsatz

Seit das U-Boot für die Seekriegsführung ein technisch ausgereiftes Seekriegsmittel darstellte, gehörte der Torpedo zu seiner Standard- und Hauptbewaffnung. Weiterhin wurden die U-Boote auch bald zum Verlegen von Minen eingesetzt. In der zweiten Hälfte des 20. Jahrhunderts kam der Flugkörper als weitere wichtige Waffe zur Seezielbekämpfung hinzu, wurde aber in der Bundesmarine respektive Deutschen Marine nicht auf den U-Booten eingeführt.

Die erste Generation der deutschen Nachkriegs-U-Boote, die Klassen 201 und 205, fuhren noch – wenn überhaupt – mit Torpedos aus Beständen der ehemaligen Kriegsmarine, die aus Frankreich zurückgekauft wurden, zur See. Hierbei handelte es sich um die Torpedos G 7a / G 7e. Sie sind für eine weitere Betrachtung im Zusammenhang mit den U-Booten der Klasse 206 / 206A nicht mehr relevant.

Links in der Bildmitte sind zwei Stangen zu erkennen. Beim Öffnen der beiden Außenklappen schoben sie sich durch die Aussparungen der auf dem Verschlussring aufgesetzten Sperrvorrichtung. Der Verschlussring ließ sich dann nicht mehr mit einer aufgesteckten Handkurbel (siehe Zahnkranz rechts oben) drehen und der Bodenverschluss konnte nicht mehr geöffnet werden.

Die sechs U-Boote der Klasse 205mod waren mit dem Torpedo DM 3 schon deutlich moderner ausgerüstet. Dieser Torpedotyp stammte aus den USA und wurde dort als U-Jagdtorpedo Mk 37 bezeichnet. Für den Einsatz in den flachen Gewässern des deutschen Einsatzgebietes musste der Mk 37 entsprechend umgerüstet und angepasst werden. In den ersten Jahren nach ihrer Indienststellung kam der DM 3 auch noch auf den U-Booten der Klasse 206 in Verwendung.

Der Einsatz von drahtgelenkten Torpedos war eine der zentralen Forderungen bei der Entwicklung und Beschaffung der U-Boote der Klasse 206. Mit dem Torpedo DM 2A1 wurden diese Vorgabe erfüllt. Der Zulauf des Schwergewichtstorpedos, der die Kampfkraft der deutschen U-Boote gegen Überwasserzielen entscheidend erhöhte, erfolgte ab den Jahren 1974 bis 1977.

Die zur Klasse 206A umgebauten Boote erhielten den weiterentwickelten Torpedo DM 2A3 eingerüstet. Gegenüber dem Vorgängermodell war er als sogenannter »dual purpose torpedo« zur Bekämpfung von Überwasser- und Unterwasserzielen entwickelt worden. Sein Zulauf erfolgte in den Jahren 1989 bis 1993.

1 Torpedorohre und Torpedoübernahme

Die U-Boote der Klasse 206 hatten acht 533-mm-Torpedorohre. Sie waren für den Einsatz des U-Jagdtorpedos DM 3 und des drahtgelenkten Seezieltorpedo DM 2A1 geeignet. Die Rohre waren in einer Steuerbordgruppe (Rohr I, III, V, VII) und in einer Backbord Gruppe (Rohr II, IV, VI, VIII) angeordnet. Dies entsprach weitestgehend den Vorgängerbooten, der Klasse 205mod. Die Rohre befanden sich etwa zur Hälfte ihrer Länge innerhalb des Druckkörpers und zur anderen Hälfte im frei durchfluteten Teil der Bugverkleidung. Sie hatten im Innern einen Bodenverschluss sowie außen eine Mündungs- und eine Außenhautklappe.

Durch entsprechende Verriegelungsmechanismen war sichergestellt, dass bei einem Rohr nicht gleichzeitig die beiden Außen- und die Innenklappe geöffnet werden konnten. Das hätte fatale Folgen gehabt. Für den Notfall, bei dem das Boot beschädigt auf Grund liegt und die Besatzung unter Wasser aussteigen muss, ließ sich diese Verriegelung jedoch per Hand entfernen. Somit war es möglich über den großen Rohrquerschnitt das Boot schnell zu fluten. Die Besatzung hätte dann versuchen können mit dem Tauchretter und den sonstigen vorhandenen Rettungssystemen über das Turmluk und das Batteriemontageluk an die Wasseroberfläche zu kommen.

Die Steuerbordgruppe des Torpedorohrsatzes. Das Foto stammt von dem Museums-U-Boot »U 10«. (Foto: Hans Karr)

Auf dieser Abbildung ist der Bodenverschluss geöffnet. Die Sperrvorrichtung hat sich jetzt vor die Stangen der beiden Außenklappen geschoben. In diesem Zustand ließen sich diese nicht mehr öffnen.

Die Torpedoübernahme geschah nach Art der Vorderlader von außen nach innen über die beiden oberen Rohre (Rohr I und II). Das Boot wurde deshalb in seiner Schwimmlage leicht achterlastig gelegt. Vor dem Öffnen der beiden Außenklappen musste die oben beschriebene Sicherung zum gleichzeitigen Öffnen der äußeren und inneren Rohrverschlüsse entfernt werden. Da die Torpedos im Bootsinnern auf die Rohre verteilt werden mussten, war es notwendig den gesamten Wohnbereich auszuräumen. Alles musste abgebaut und über das Batteriemontageluk von Bord gebracht werden. In dem nun relativ großen freien Raum, ehemals O-Messe, PUO-Messe und Uffz-Messe, wurde nun ein Last-Traverse-System aufgebaut. Sobald der Torpedo im Bootsinneren angekommen, arretiert und mit einem Flaschenzug abgesenkt werden konnte, konnte jedes beliebige Rohr mit Hilfe von Flaschenzügen und der Muskelkraft der Besatzung beladen werden.

Auch außerhalb des Bootes wurde der Besatzung einiges an körperlicher Arbeit abverlangt. Die Beladung erfolgte über eine am Bug angebrachte Beladebühne. Zunächst wurde auf dem großen Bugwulst ein Dreibein aufgestellt. Dann wurden zwei fest am Bug vorhandene Haltbolzen herausgekurbelt und die von einem Kran angelieferte Bühne daran eingehängt. Über Befestigungsstangen und einem Kettenflaschenzug wurde die Bühne nun mit dem Dreibein verbunden und so gegen ein Herunterklappen gesichert. Nach dem Ausrichten der Bühne konnte nun von dem Kran ein Torpedo auf die Laufrollen der Bühne abgesetzt werden. Dieser musste zunächst von Hand in das Torpedorohr geschoben werden und wurde dann von der elektrisch betriebenen Transporteinrichtung im Rohr weiter in das Bootsinnere transportiert.

Waren alle Torpedos an Bord, so musste das ganze innere wie auch äußere Beladungsgeschirr wieder abgebaut und die Wohnräume im Boot wieder hergerichtet werden. Die Torpedoübernahme war alles in allem schon ein Mehr-Tage-Unternehmen, bei dem die gesamte Besatzung voll eingespannt und körperlich gefordert war. Man soll aber auch bedenken, dass es sich bei den rund sechs Meter langen und 1,5 Tonnen schweren Torpedos nicht nur um große und schwere Gewichte, sondern auch um hochbrisante Munition gehandelt hatte, mit der die Besatzung hantieren musste.

Das U-Boot »U 22« ist am Tender längsseits gegangen um, wie das Dreibein auf dem Bugwulst andeutet, Torpedos zu übernehmen. (Foto: Hans Karr)

Die drei Abbildungen zeigen die im Text beschriebenen Arbeitsabläufe auf der Beladebühne bei der Torpedobeladung. (Foto: Hans Karr)

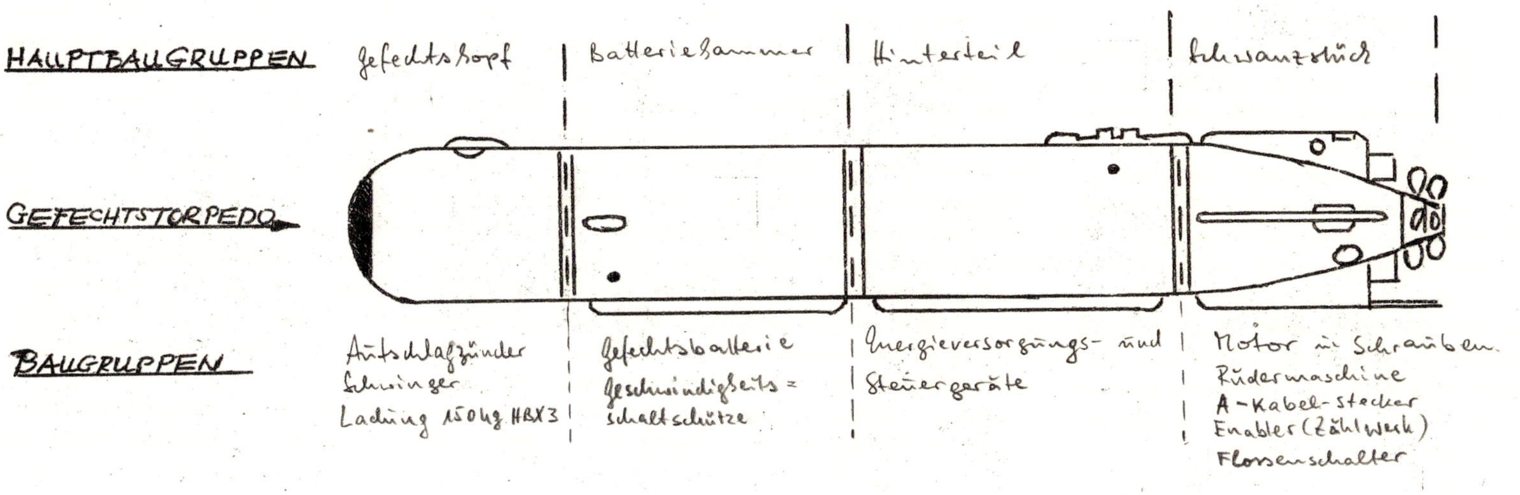

Die Bauteile des Torpedos DM 3. (Foto: Archiv Autor)

Der Torpedo DM 3 als Ausstellungsobjekt im Deutschen Marinemuseum in Wilhelmshaven. (Foto: Hans Karr)

2 Torpedo DM 3

Der amerikanische Torpedo Mk 37 wurde bereits 1953 bei der US Navy eingeführt. Im Jahr 1959 wurde er auch für die damals in der Planung und im Bau befindlichen deutschen U-Boote, Zerstörer, Fregatten und U-Jagdboote als U-Jagdtorpedo beschafft. Er erhielt die deutsche Bezeichnung DM 3 und wurde, wie schon oben angemerkt, in seinem Laufverhalten den flachen Gewässern des deutschen Einsatzgebietes technisch angepasst. Der DM 3 war ein selbststeuernder und selbstsuchender programmierbarer Torpedo, der auf Kollisionskurs zum Ziel abgeschossen wurde. Nach Ablauf der eingestellten Sicherheitsstrecke ging er in einen 1000 Yards langen Schlangensuchlauf über und dann anschließend in einen Kreissuchlauf. Bei letzterem veränderte er kontinuierlich seine Lauftiefe zwischen der vor Abschuss eingestellten oberen und unteren Laufgrenze. Bei Zielerfassung beendete der DM 3 seinen Programmlauf und steuerte in Eigenlenkung das Ziel direkt an. Eingesetzt wurde der DM 3 über die Feuerleitanlage M 8/1 (Klasse 205mod) und M 8/8 (Klasse 206). Über eine Kabelverbindung konnte der Torpedo bis zum Abschuss hinsichtlich des gewünschten Laufverhaltens und entsprechend der Lagesituation programmiert werden. Auf Grund seines Kalibers von 483 Millimeter mussten in den Torpedorohren Ausgleichsschienen angebracht werden. Bei nur 3,50 Meter Länge des Torpedos konnten zwei Stück in einem Rohr geladen werden. Der Torpedo kam bei den U-Booten auf der Klasse 205mod und in der Anfangszeit auch auf der Klasse 206 in Verwendung.

Der Antriebsmotor des Torpedos DM 3. (Foto: Hans Karr)

Ein ausgedienter Torpedo DM 2A1 als Ausstellungs- und Erinnerungsstück. Am Torpedo fehlt die Drahtspule, die beim Abschuss im Torpedorohr verblieb. (Foto: Hans Karr)

3 Torpedo DM 2A1 - SEAL

In den 1960er Jahren wurde mit dem DM 2 der erste deutsche Schwergewichtstorpedo / Seezieltorpedo entwickelt. Serienreife, Beschaffung und Einführung bei der Marine erfolgten jedoch nicht. Stattdessen wurde beschlossen, diesen Torpedo so zu modifizieren und umzurüsten, dass er als Seezieltorpedo DM 2A1 ab 1974 auf den U-Booten der Klasse 206 und den Schnellbooten der Klasse 143 eingesetzt werden konnte. Termingerecht erfolgte von 1974 bis 1977 der Serienzulauf. Der DM 2A1 war ein drahtgelenkter Torpedo, der über die Feuerleitanlage M 8/8 eingesetzt wurde. Die Drahtlänge, aufgeteilt in eine Torpedospule und in eine Bootsspule, belief sich auf insgesamt rund 17 Seemeilen. Eine gesonderte Bootsspule wurde deshalb notwendig, damit das U-Boot bei laufendem Torpedo auch noch selbst manövrieren konnte, ohne einen Drahtriss durch die Eigenbewegung zu riskieren. Mit mehreren DM 2A1 ließen sich gleichzeitig verschiedene Ziel bekämpfen. Für den Torpedo gab es vier Lenkungsmöglichkeiten:

- Rechnerlenkung nach Kollisionskurs
- Handlenkung nach Kurssteuerung
- Eigenlenkung bei Zielauffassung
- bei Drahtriss eigenes Suchprogramm

Die ersten scharfen Torpedoschüsse deutscher U-Boote nach dem Zweiten Weltkrieg wurden mit dem DM 2A1 durchgeführt. Im Frühjahr 1979 versenkten in griechischen Gewässern »U 16« und »U 29« auf der als TORPEX MED bezeichneten Ausbildungsfahrt den außer Dienst gestellten griechischen Marinetanker »Zeus« und den als Zielschiff dorthin verbrachten deutschen Zerstörer »Z 1«.

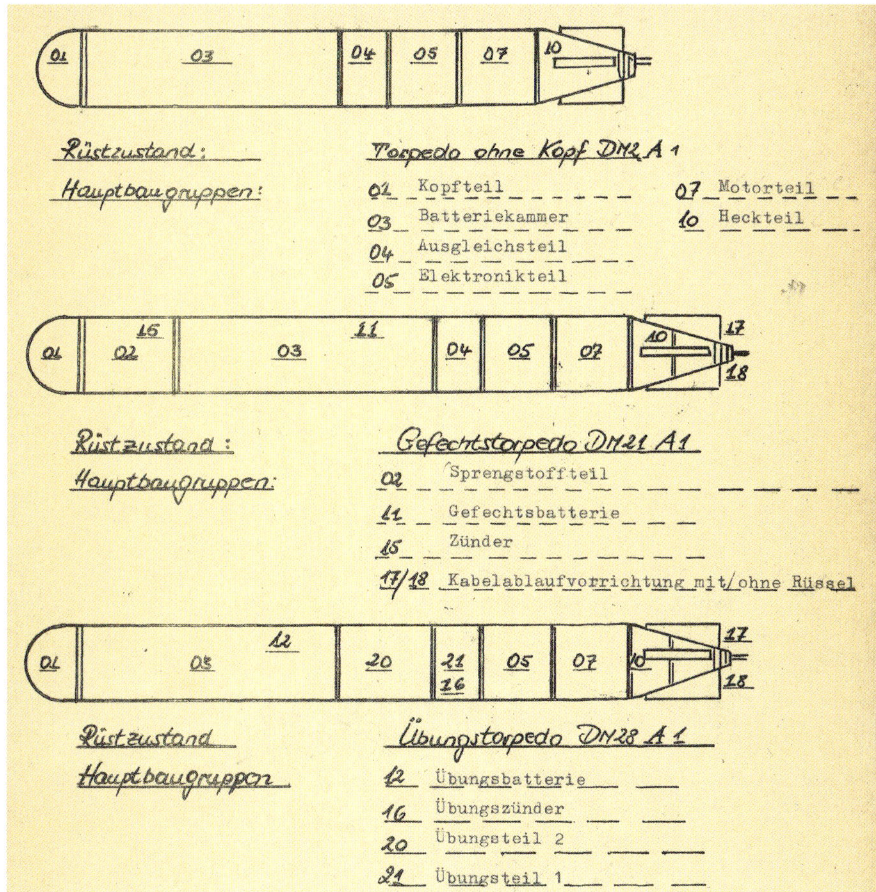

Die Rüstzustände des Torpedos DM 2A1. (Foto: Archiv Autor)

Übergabe des ersten Serienmodells des Schwergewicht- und Mehrzwecktorpedos DM 2A4 – SEEHECHT an die Deutsche Marine. (Foto: Atlas Elektronik)

4 Torpedo DM 2A3 – SEEHECHT

Anfang der 1980er Jahre begann, basierend auf der Taktischen Forderung »Torpedo für U-Boote«, die Konzeptphase um den Torpedo DM 2A1 zu einem »dual purpose torpedo« weiter zu entwickeln. Der neue Torpedo sollte sowohl gegen Überwasser- wie auch gegen Unterwasserziele eingesetzt werden können. Damit wollte man von der bisher notwendigen Mischbeladung verschiedener Torpedotypen wegkommen und die U-Boote mit einem modernen hochleistungsfähigen Mehrzwecktorpedo ausrüsten. Dazu wurde der Torpedokopf, das Torpedosonar und die automatisierten Lenkverfahren neu entwickelt. Die Lenk-, Stabilisierungs- und Navigationssoftware wurden neugestaltet. Ebenso wurden Maßnahmen zur Reduzierung der Torpedoeigengeräusche durchgeführt. Der Gefechtskopf mit ca. 250 Kilogramm Sprengstoff und der Antrieb mit den beiden gegenläufigen Schrauben blieben unverändert. Die Drahtlänge der Nachrichtenleitung in den beiden Spulen betrug insgesamt etwa 16 Seemeilen. Der nun als DM 2A3 bezeichnete Torpedo erhielt taktische Fähigkeiten in den Bereichen:

- Lenkung auf große Kampfentfernung
- Schwereortbarkeit
- Beherrschung von Mehrzielsituationen
- Datenübertragung über die Nachrichtenleitung zwischen U-Boot und Torpedo

Dadurch wurde eine deutliche Verbesserung bei der Bekämpfung von Seezielen und U-Booten erreicht. Auch mit diesem Torpedo-Modell konnte mit mehreren Torpedos verschiedene Ziel gleichzeitig bekämpft werden. Nach dem erfolgreichen Abschluss der Entwicklungsarbeiten erfolgte der Serienzulauf der Torpedos DM 2A3 in den Jahren 1989 bis 1993 und seine Einrüstung auf den umgebauten U-Booten der Klasse 206A in den Jahren 1995 / 1996.

Der DM 2A3 ist jedoch nur als eine Zwischenphase in der deutschen Torpedoentwicklung anzusehen. In der Zeit von 1997 bis 2002 wurden die Arbeiten weitergeführt. Als Ergebnis entstand der drahtgelenkte und modular aufgebaute Schwergewichtstorpedo DM 2A4 – SEEHECHT. Das erste Serienexemplar wurde Anfang Dezember 2008 in einer Feierstunde symbolisch der Deutschen Marine übergeben. Der Mehrzwecktorpedo DM 2A4 – SEEHECHT ist auf der neuen U-Bootgeneration der Klasse 212A eingerüstet und wird daher im Rahmen der Themenstellung dieses Buch nicht weiter betrachtet.

5 Technische Daten der Torpedos

Torpedo	DM 3	DM 2A1 - SEAL	DM 2A3 - SEEHECHT
Plattform	205mod	206	206A
Kaliber (mm)	483	533	533
Länge (mm)	3500	6080	6150
Gewicht (kg)	640	1398	1466
Gefechtskopf (kg)	145	250	260
Laufstrecke (sm)	9	13	unbekannt
Lauftiefe (m)	1-330	>250	>300
Geschwindigkeit (kn)	25	18-35	18-35
Zündung	Aufschlag	Magnet, Aufschlag	Magnet, Aufschlag

6 Torpedoschießen

Höhepunkt der gesamten Ausbildung im Torpedoabschnitt ist der nasse Schuss. Deshalb führte die Ubootflottille ab den 1970er Jahren unter der Übungsbezeichnung »Grüner Aal« mehrwöchige Torpedoschießabschnitte im Skagerrak durch. Das waren logistisch sehr aufwendige Unternehmungen bei denen sich der Übungsverband - U-Boote, Tender, sonstige Unterstützungsfahrzeuge - auf den dänischen Marinestützpunkt Frederikshavn abstützte. In späteren Jahren erfolgten solche Schießabschnitte auch von dem südnorwegischen Marinestützpunkt Kristiansand. Vorteil beider Häfen waren die kurzen Anmarschwege in die Tauchgebiete im Skagerrak.

Die dabei genutzten Übungstorpedos sind im Prinzip Gefechtstorpedos ohne Gefechtskopf. An dessen Stelle sind Registriergeräte für die spätere Auswertung des Torpedolaufs eingefügt. Ebenso befindet sich eine stark strahlende Kopflampe und ein Geräuscherzeuger (Klopfer) zum späteren Wiederfinden des Torpedos in der Übungssektion.

Hier sei schon einmal angemerkt, dass die Übungsschüsse vom Grundsatz her immer bei Dunkelheit erfolgen. An Hand der strahlenden Kopflampe lässt sich auf dem Zielschiff der Torpedolauf genau verfolgen und eine positive oder negative Trefferaussagen tätigen - je nachdem, ob der Lichtstrahl unter dem Schiff hindurchgeht oder daran vorbeizieht. Außerdem ermöglicht die Kopflampe nach Laufende das Wiederfinden des Übungstorpedos, der einen leichten Auftrieb hat und dann an der Wasseroberfläche treibt. Der Klopfer ist das zweite Mittel, um einen Torpedo wiederfinden zu können. Sein nach dem Laufende einsetzendes Klopfgeräusch kann vom U-Boot eingepeilt und an das Bergungsfahrzeug übermittelt werden.

Vor dem Abfeuern eines Torpedos musste das entsprechende Rohr schussfertig gemacht werden. Hierzu wurde es mit Wasser aus den hierfür extra vorhandenen Torpedozellen geflutet. Die Entlüftung erfolgte in das Innere des Bootes. War dieser Vorgang beendet wurde ein Druckausgleich hergestellt. Jetzt ließ sich die Mündungsklappe ohne Gegendruck öffnen und das Rohr war schussklar. Beim Abfeuern lief der Torpedomotor an und nach ein bis zwei Sekunden verließ der Torpedo mit eigener Kraft und lautem im Boot deutlich hörbarem Getöse das Rohr.

Bevor es soweit war, musste jedoch erst einmal das Ziel aufgefasst, erkannt und identifiziert sowie die Schussdaten ermittelt werden. Letzteres geschah an Hand von Schätzwerten der Zielentfernung, des Zielkurses und der Zielgeschwindigkeit. Einzig die Zielpeilung konnte über das Sehrohr genau angemessen werden. Um einen Torpedotreffer zu erzielen, musste aus diesen Werten der notwendige Torpedokurs errechnet und dann geprüft werden, ob die baulich vorgegebene Torpedogeschwindigkeit für einen Treffer auch ausreichte. Wurde dieser letzte Schritt, mit allen durch die Schätzungen bedingten Ungenauigkeiten, früher mühsam und zeitaufwendig per Hand mit dem Torpedorechenschieber gemacht, so ermitteln heute in Sekundenschnelle elektronische Sensoren die exakten Messdaten, die wiederrum in Feuerleitanlagen ausgewertet und als Zieldaten in den Torpedo eingelesen werden. Bei drahtgelenkten Torpedos ist nach dem Abschuss zudem noch die Möglichkeit gegeben, jederzeit in sein Laufverhalten eingreifen zu können.

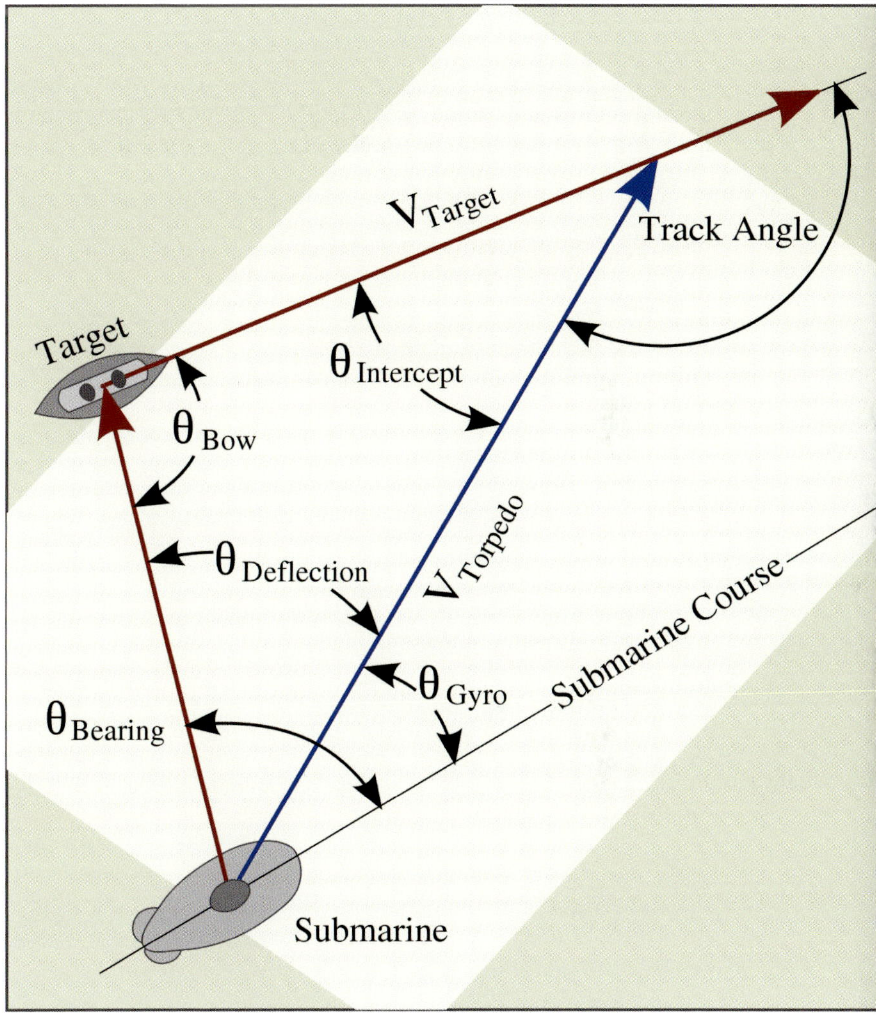

Prinzipskizze für das Torpedoschussdreieck. (Foto: Snubcube)

In der Regel hatten die U-Boottender vor Ort auf See die verantwortliche Leitung des Schießens und dienten dabei auch gleichzeitig als

Zielschiff. Außerdem waren sie für die Bergung des Übungstorpedos zuständig. Dabei fuhr der Tender möglichst nahe an den im Wasser treibenden und durch seine Kopflampe auch gut sichtbaren Torpedo heran, um das Gerät mit einem ausgesetzten Schlauchboot zu sichern und dann bis an die Bordwand zu schleppen. Mit dem Bordkran wurde anschließend der Übungstorpedo endgültig geborgen. Auf dem Tender konnte nun das Übungsteil mit den Aufzeichnungen über den Schussverlauf ausgebaut und ausgewertet werden. Anschließend wurde der Torpedo für den nächsten Schuss wieder klargemacht.

Alternativ - und auch abhängig von der Wetterlage - kamen auch gelegentlich spezielle Torpedofangboote zum Bergen der Übungstorpedos zum Einsatz. Sie brachten die geborgenen Geräte dann zu Auswertestellen an Land.

Mitte der 1970er Jahre trat bei dem Torpedoschießen des DM 2A1 ein seltsames Phänomen auf. In einem bestimmten Zeitfenster nach dem Torpedoschuss traten Störungen in der Nachrichtenleitung auf. Diese waren zum Teil so gravierend, dass es zum Laufende führte. Die Häufung dieser Ereignisse rief die Techniker auf den Plan. Umfangreiche Untersuchungen wurden in die Wege geleitet. Schon gab es erste Gerüchte über eine neue Torpedokrise.

Letztendlich stellte sich bei den Untersuchungen heraus, dass im beobachteten Zeitfenster der Störungen die absinkenden Torpedolenkdrähte eine Tiefe von etwa 300 Meter erreicht hatten und damit in Fischschwärme geraten waren, die in dieser Wassertiefe lebten. Als dann auch noch an einer geborgenen Nachrichtenleitung abgebrochene Fischzähne entdeckt wurden, war die Sachlage klar. Fischbisse hatten das Unheil verursacht. Die innen im Draht liegende Kupferseele hatte Kontakt zum Wasser bekommen, was zwangsläufig zu einem Kurzschluss führte. Durch technische Maßnahmen konnten die durch die Fischbisse verursachten Programmstörungen dann beseitigt werden.

7 Minengürtel

Wie anfangs bereits erwähnt gehören auch Minen zu den standardmäßigen Waffen eines U-Bootes. Da die Mitnahme von Minen jedoch grundsätzlich nur auf Kosten der Torpedokapazität erfolgen kann, wurde bereits 1966 in der Planungsphase der U-Boote Klasse 206 die Möglichkeit gefordert, Minen in einem außenbords angebrachten Behälter mitzunehmen. Erst Anfang der 1980er Jahre wurde diese Forderung realisiert und für die Klasse 206 ein sogenannter Minengürtel beschafft.

Hierzu schreibt Eberhard Rössler in seinem Buch »Die neuen deutschen U-Boote« auf Seite 126:
»Der Minengürtel, der sich dem Vorschiff des U-Bootes gut anpasst, besitzt auf beiden Seiten je einen Behälter für zwölf große Minen und kann durch kräftige Bänder relativ einfach befestigt und gelöst werden. Im Ernstfall sollten die Minengürtel nach Erfüllung ihrer Aufgabe abgeworfen werden. Obwohl das Boot durch den Minengürtel einen zusätzlichen Formwiderstand erhielt, sollen durch ihn die Stabilität, die Manövrierfähigkeit und die Taucheigenschaften bei niedrigen Fahrtstufen nicht und bei hohen nur geringfügig beeinträchtigt worden sein.«

Für alle 18 U-Boote der Klasse 206 wurden solche Minengürtel beschafft. Nach der Umrüstung zur Klasse 206A wurden allerdings nur acht Minengürtel den umgebauten Booten angepasst.

Ein U-Boot der Klasse 206 mit einem Minengürtel auf dem Überwassermarsch. (Foto: Deutsche Marine)

Das U-Boot »U 29« hat mit einem angehängten Minengürtel längsseits des Tenders »Meersburg« festgemacht. (Foto: Darkone / CC-BY-SA 2.0)

Abschnitt 9.4 Elektronische Ausrüstung

Den Auftrag der deutschen U-Boote beschreibt der ehemalige Kommandeur der Ubootflottille und Kapitän zur See a. D. Hannes Ewerth in seinem Buch »Die Ubootflottille der Deutschen Marine – Von 1957 bis heute« auf Seite 63 mit folgenden Worten:

»Bei Nutzung der geografischen und ozeanografischen Verhältnisse im Einsatzgebiet und unter Berücksichtigung der Fähigkeiten des Gegners sollten die U-Boote

- Kräfte binden und abnutzen
- das eigene Territorium weit vorne verteidigen
- dem Gegner die Nutzung der Seeverbindungen erschweren und
- zur Sicherung der eigenen Seeverbindungen beitragen

Hierfür müssen sie über Waffen, Ausrüstung und Besatzungen verfügen, die sie in die Lage versetzen, über mehrere Wochen bei zentraler Führung und unabhängig als Einzelfahrer zu operieren, um die Tiefe des Raumes zur Auftragserfüllung nutzen zu können.«

In der Operationszentrale (OPZ), von außen betrachtet war dies in etwa der Bereich der Bootslänge, die vom Turm eingenommen wird, spielte sich das oben aufgezeigte operative Geschehen und der taktische Einsatz der U-Boote Klasse 206 ab. Durch die räumliche Trennung von der Schiffstechnischen Zentrale (STZ) konnte dies nun ungestört von deren Aktivitäten bei der Tiefensteuerung und der Bedienung und Überwachung der technischen Anlagen geschehen.

Beim Befehl »Auf Gefechtsstation« war in der OPZ der Platz des Kommandanten, des Bootsoperationsoffiziers (I WO, Erster Wachoffizier) und des Bootswaffenoffiziers (II WO, Zweiter Wachoffizier). Unterstützung in ihren Führungsaufgaben erhielten sie durch den Navigationsmeister, den Sonarmeister und den Torpedomeister sowie deren nachgeordneten Unteroffiziere.

Die OPZ war in drei räumliche Bereiche unterteilt:

- an Backbord waren von vorne nach achtern die Navigationsecke, die Feuerleitanlage M 8/8 und daran anschließend in räumlicher Trennung der Funkraum
- an Steuerbord standen sämtliche Bedien- und Anzeigegeräte der verschiedenen Sensoren
- in der Mitte befanden sich die Ausfahrgeräte

Das Angriffssehrohr auf einem U-Boot der Klasse 206. (Foto: Hans Karr)

Die Ausfahrgeräte - von vorne nach achtern: Angriffssehrohr, UHF-Antenne, Stabantenne, Schnorchel mit Navigationssehrohr und Radarantenne - waren nicht teleskopartig ausgeführt und brauchten deshalb im eingefahrenen Zustand Platz nach unten. Mit der unteren Hälfte befanden sie sich im Bootsinneren. Deshalb war eine tiefe und breite Decksaussparung als Ein- und Ausfahrschacht notwendig. Die obere Hälfte ragte über den Druckkörper hinaus und war durch den Turmauf-

Der Autor als Wachoffizier bei einer Sehrohrbeobachtung. (Foto: Hans Karr)

Die Navigationsecke auf einem U-Boot der Klasse 206. (Foto: Hans Karr)

bau sowohl optisch verdeckt als auch strömungsgünstig verkleidet. Im ausgefahrenen Zustand überragten sie den Turm, um ihre zugedachten Funktionen erfüllen zu können. Zum Schutz vor Unfällen war aus Sicherheitsgründen um den Ausfahrschacht ein Käfig montiert, der am Schnorchel und am Angriffssehrohr Öffnungen hatte, damit die Sehrohrbeobachtungen durchgeführt werden konnten.

Die Navigationsecke, an Backbord der vordere Teil der OPZ, war das Reich des Navigationsmeisters, auch Steuermann genannt. Hier wurde die Seekarte bearbeitet, ständig der Schiffsort dokumentiert und das Bordgeschehen im Schiffstagebuch eingetragen. Hieß es »Auf Gefechtsstation« so führte hier der Steuermann nach Weisung des Kommandanten und des Bootsoperationsoffiziers das Plot mit dem Über- und Unterwasserlagebild.

Der Steuermann bei der Arbeit. (Foto: Deutsche Marine)

Nach achtern schloss sich die Waffenleitanlage M 8/8 an, die vom Bootswaffenoffizier und dem Torpedomeister bedient wurde. Entsprechend dem Lagebild sowie auf Weisung des Kommandanten wurden hier die Gefechtswerte in den noch im Rohr befindlichen und zum Schießen vorgesehenen Torpedo eingegeben. Auch dessen Abfeuerung und die anschließende Lenkung über die Nachrichtenleitung erfolgten von diesem Arbeitsplatz. Die Feuerleitanlage M 8/8 erhielt zur Errechnung der Zielwerte Eingaben von der WSU, der DUUX 2C, dem Radar und dem Sehrohr sowie von manuell eingegebenen Daten.

An der Steuerbordseite stand vorne das passiv arbeitende Gruppenhorchgerät (GHG), dessen 360 Grad Kreisbasis mit den Empfangssensoren im Bugwulst untergebracht war. Mit diesem Gerät war der Bediener in der Lage über Geräuschaufzeichnungen und deren Peilungen ein Überwasserlagebild aufzubauen. Allerdings war im Sektor achteraus, bedingt durch den Turm und die geringen eigenen Schraubengeräusche, ein toter Winkel bei der Geräuschaufzeichnung. Durch eine kurzzeitige konsequente Kursänderung um etwa 30 Grad nach beiden Seiten konnte dieser Totsektor frei gefahren und damit auch in diesem Bereich ein sicheres Lagebild gewonnen werden.

Die Feuerleitanlage M 8/8. (Foto: Hans Karr)

Gruppenhorchgerät (GHG). (Foto: Hans Karr)

DUUX 2C. (Foto: Hans Karr)

Eine Entfernungsmessung konnte mit der rechts neben dem GHG stehenden und ebenfalls passiv arbeitenden DUUX 2C vorgenommen werden. Die Anlage arbeitete im Frequenzspektrum von fünf bis 18 kHz. Ihre Schwinger waren beidseitig in jeweils drei Gruppen im Bugwulst sowie vorne und achtern an den Turmseiten angebracht. Die besten Er-

Die Steuerbord Seite der OPZ mit Blick nach achtern und … (Foto: Hans Karr)

… mit Blick nach vorne. Im Bildmitte die Konsolen der WSU-Anlage. (Foto: Hans Karr)

gebnisse gab es im Bereich querab +/- 45 Grad. Aus der Messung des Phasenunterschieds zwischen den auf den Schwingergruppen eintreffenden Signalen errechnete die DUUX 2C die Entfernung.

Ein weiterer wichtiger Sensor war die aktiv und passiv arbeitende Weitsonaranlage WSU. Eberhard Rössler beschreibt die Anlage in seinem Buch »Die neuen deutschen U-Boote« auf Seite 116 wie folgt:

»Die WSU-Anlage ist eine aktive Teilpanorama-Ortungsanlage mit einem um 360 Grad schwenkbaren Beobachtungssektor von 110 Grad Öffnung. Sowie einem innerhalb des Beobachtungssektor kontinuierlich schwenkbaren Einzelsektor von zehn Grad. Damit können Über- und Unterwasserziele gepeilt und deren Entfernung und Geschwindigkeit ermittelt werden. Ferner ist die passive Bestimmung von Zielgeräuschen nach Peilung und Stärke möglich.«

Die WSU hatte folgende technische Daten:

- Sendefrequenzen (kHz) 8 / 10 / 12
- Entfernungsbereiche (yard) 100 bis 3000 / 6000 / 9000 / 18.000
- Messgenauigkeit +/- 1 Grad bzw. 50 Meter

Weitere wichtige Geräte und Anlagen, auf die jedoch nicht weiter eingegangen werden soll, war das Radargerät, dessen Bedienkonsole unmittelbar vor dem Pendelschott zur STZ eingebaut war und das natürlich - nur um es nochmals zu verdeutlichen - kein Gerät für die Tauchfahrt ist. In der OPZ an verschiedenen Plätzen verteilt aufgestellt waren noch der Echograph, das Unterwassertelephon, die Sonarwarnanlage und das Minenmeidesonar zu finden.

Während sich die Schiffstechnik auf den U-Booten der Klasse 206 im Allgemeinen uneingeschränkt bewährte, kamen die elektronischen Anlagen ab Anfang der 1980er Jahre doch deutlich an ihre Leistungsgrenzen. Sensoren, Feuerleit- und Fernmeldeanlagen bedurften kurz- bis mittelfristig der Erneuerung.

In diesem »Kampfwert erhaltene Maßnahmen« genannten Vorhaben erhielten in den Jahren 1989 bis 1992 in einem ersten Umrüstschritt die dafür vorgesehenen zwölf Boote ein modernes Sonar, ein Lageerarbeitungs- und Waffeneinsatzsystem, einen Fernmeldearbeitsplatz und leistungsfähigere Navigationsanlagen. Die Modernisierungskosten eines Bootes der Klasse 206 zur Klasse 206A beliefen sich im Jahr 1989 auf die gleiche Summe wie zwanzig Jahre zuvor der komplette Bau eines der U-Boote. In einer zweiten Umrüstungsphase kamen 1995 / 1996 die Torpedos DM 2A3 – SEEHECHT an Bord.

Bei der Umrüstung wurde die OPZ vollkommen umgestaltet. Durch den Einbau von neuen und moderneren Ausfahrgeräten wurde etwas an Platz gewonnen.

An Backbord standen jetzt von vorne nach achtern das Radargerät und ein großer automatisierter Navigationskoppeltisch. Im Navigationsbereich gelang eine eindrucksvolle Leistungssteigerung durch den Einbau moderner Geräte, ebenso bei den Fernmelde-Aufklärungsanlagen und bei den Fernmeldeanlagen. Ein Trainingssimulator für die bordinterne Ausbildung der Besatzung, auf dem zu Trainingszwecken eine simulierte Lage vorgegeben werden konnte, stand zwischen dem Navigationsarbeitsplatz und dem Funkraum.

Kernelement der Umrüstung war ein integriertes Sonar-, Lage- und Waffeneinsatzsystem mit dem Hauptsonarsensor DBQS-21D. Diese nun in vier Konsolen mit gleicher Bedienung- und Anzeigeausstattung an Steuerbord stehende Anlage verfügte über folgende Funktionen:

- Passive Detektion rundum (PDR)
- Passive Ranging Sonar (PRS)
- Sonar Intercept (SIC)
- Sonar Informations Prozessors (SIP)
- Aktives Ortungs Sonar (AOS)

Die von der Sonaranlage gewonnen Unterwasserlage wurde in der Lageerarbeitungs- und Waffeneinsatzanlage auf der Lagekonsole mit den übrigen Daten wie Sehrohrpeilungen und EloUM-Peilungen (Elektronische Unterstützungsmaßnahme) ergänzt und vervollständigt. Das so aufgebaute Lagebild wurde mit Ziel-, Bedrohungs- und Bekämpfbarkeitssymbolen versehen und ständig auf aktuellem Stand gehalten.

Die vier Konsolen hatten folgende Hauptfunktionen:

- Peilanzeige von PDR- und SIC-Impulsen
- Sonaranalyse und Sonarlage
- Lageerarbeitung
- Torpedoeinsatz

Mit der Anlage war der gleichzeitige Einsatz von bis zu drei Torpedos DM 2A3 auf bis zu drei verschiedenen Zielen möglich.

Neben der technischen Umgestaltung wurden auch Verbesserungen der Lebens- und Arbeitsbedingungen der Besatzung realisiert. Die wichtigsten Änderungen sind nachfolgend aufgelistet:

- Ergonomische Auslegung der neuen Geräte und Anlagen
- Einbau eines Seeschotts an der Turmvorderkante zum gefahrlosen betreten des Oberdecks
- Einbau einer zweiten Nasszelle
- zusätzlicher Stau- und Kühlraum für Proviant
- Verbesserung der Heizmöglichkeiten
- Einbau einer Kälteanlage für den Betrieb des Bootes in warmen Gewässern

Während des sich über mehrere Monate erstreckenden Umbaus wurden die U-Boote nicht außer Dienst gestellt. Die Besatzungen wurden

Die ehemalige Navigationsecke ist zu einem modernen und technologisch leistungsfähigen Navigationsarbeitsplatz geworden. (Foto: Deutsche Marine)

Die Konsolen für das Lage- und Waffeneinsatzsystem. (Foto: Deutsche Marine)

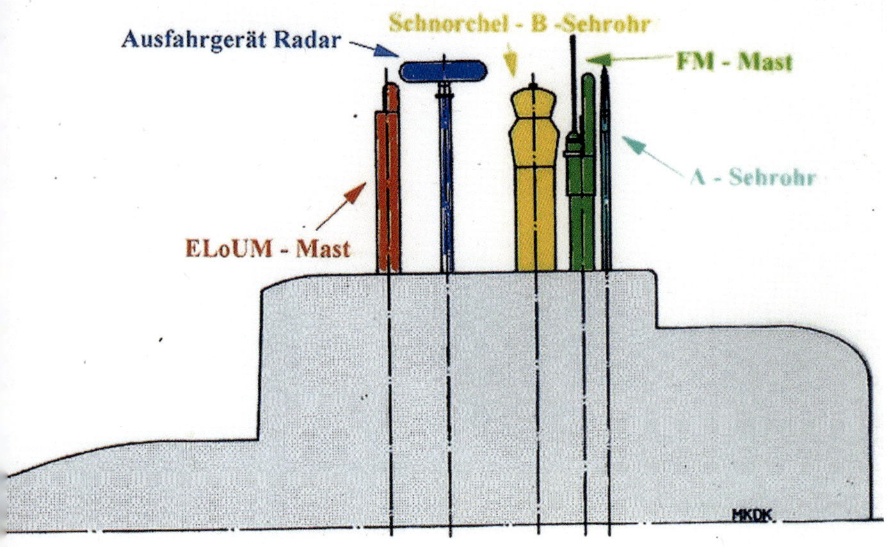

Der Umbau der OPZ hatte auch eine Veränderung bei den Ausfahrgeräten zur Folge, an der sich von außen die Klasse 206A von der Klasse 206 optisch unterscheiden ließ. (Foto: Archiv Autor)

vielmehr in dieser Zeit an Simulatoren der neuen Ausbildungsanlage in Eckernförde geschult. Die Anzahl der Besatzungsmitglieder war auf Grund der jetzt vermehrt vorhandenen Elektronik und des vermehrten Bedarfs an Bedienern auf 27 Personen angestiegen.

Mit einem verhältnismäßig geringen Aufwand war es gelungen die Klasse 206 zur Klasse 206A umzugestalten und zu modernisieren. Für Umbau, Instandsetzungen, Änderungen an Wehrmaterial und Ausbildungsanlagen musste rund eine Milliarde DM ausgeben werden. Die zwölf umgebauten Boote waren jetzt wieder auf dem neuesten technischen Stand und sollten eigentlich bis zum Zulauf des zweiten Bauloses der Klasse 212A im Dienst bleiben bzw. sukzessive bis 2015 außer Dienst gestellt werden. Doch Sparzwängen zwangen die Deutsche Marine von ihren bewährten U-Booten der Klasse 206A schon früher Abschied zu nehmen. Im August 2010 gingen sie außer Fahrbereitschaft und stellten dann nach und nach außer Dienst. Die nicht umgebauten Einheiten hatten bereits in den Jahren 1996 bis 1998 Flagge und Wimpel niedergeholt.

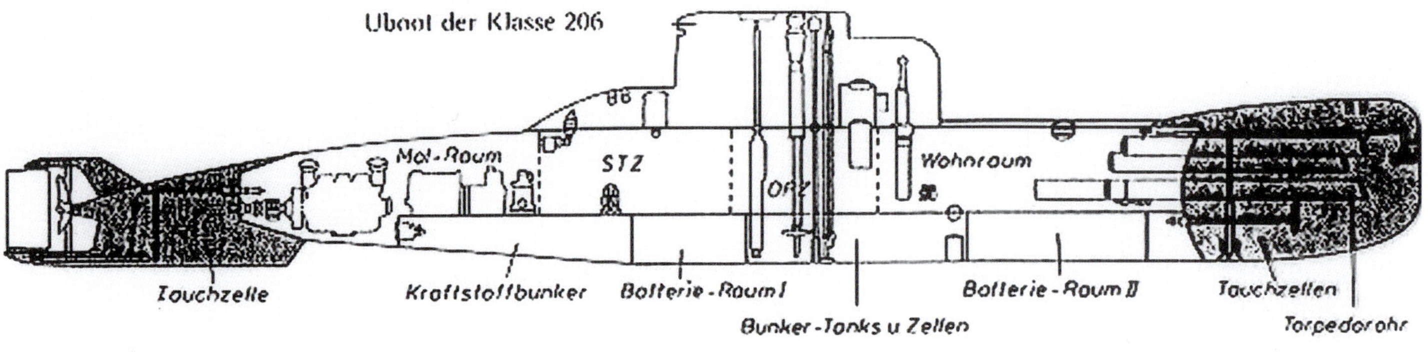

Die Skizze gibt die Raumaufteilung auf den U-Booten der Klasse 206 wieder. (Foto: Archiv Autor)

Abschnitt 9.5 Organisation, Ausbildung, Manöver und Einsätze

1 Organisation und Gliederung der Ubootflottille

Die ersten U-Boote der Bundesmarine - »Hai« und »Hecht« - unterstanden truppendienstlich dem Kommando der Amphibischen Streitkräfte. Hierbei mag es wohl auch eine Rolle gespielt haben (?), dass dessen Kommandeur seiner Zeit der Fregattenkapitän / Kapitän zur See Otto Kretschmer, eines der sogenannten »U-Boot-Asse« aus dem Zweiten Weltkrieg, gewesen war.

Das am 1. Oktober 1961 in Kiel neu aufgestellte 1. Ubootgeschwader (1. UG) wurde ebenfalls diesem Verband zugeteilt. Am 21. März 1962 erhielt es das tags zuvor in Dienst gestellte U-Boot »U 1« als erster Nachkriegsneubau unterstellt. Im Mai 1962 folgte »U 2«. Als Sicherungsboot diente das ehemalige Räumboot »Merkur«.

Ihr eigens Typkommando erhielten die U-Boote am 1. November 1962 mit der Aufstellung des in Kiel angesiedelten Kommandos der Uboote, das wiederum dem Kommando der Flotte, dem späteren Flottenkommando, unterstand. Vom 7. März 1963 bis zum 1. Oktober 1975 hatte das Kommando der Uboote seinen Sitz in Eckernförde und kehrte dann nach Kiel zurück. Im Jahre 1967 erfolgte die Umbenennung in Ubootflottille. Am 10. Februar 1998 verlegte der Flottillenstab wieder nach Eckernförde und verblieb dort bis zur Auflösung der Flottille am 30. Juni 2006. Die der Ubootflottille zugeordneten U-Boote und Überwassereinheiten wurden, wie auch die Einheiten der Schnellbootflottille und der Flottille der Minenstreitkräfte, in der am 29. Juni 2006 im Rahmen einer größeren Reorganisation der Flotte geschaffenen Einsatzflottille 1 zusammengefasst und gebündelt.

Doch zurück zum 1. Ubootgeschwader. Zu dem Verband zählten mit fortschreitendem Zulauf der neuen U-Boote neben »U 1« und »U 2« (Klasse 201) noch »U 4« bis »U 8« (Klasse 205) sowie die Klasse 205mod mit den U-Booten »U 1« (II), »U 2« (II) und »U 9« bis »U 12«. Am 24. März 1964 traten der Tender »Lahn« und vorübergehend für die Zeit vom 8. Dezember 1964 bis 29. März 1968 der Tender »Lech« hinzu. »Lech« wurde anschließend außer Dienst gestellt und der Reserveflottille zugeteilt.

Im April 1969 konnte das 1. UG mit dem Tender »Lahn« und den sechs U-Booten der Klasse 205mod der NATO assigniert werden. Ab 1. Oktober 1969 bis zu ihrer Außerdienststellung im Jahre 1974 wurden die fünf U-Boote der Klasse 205 der Ubootlehrgruppe (ULG) zur Nutzung als Schulboote übergeben. Mit den in den Jahren 1973 / 1974 erfolgten Indienststellungen der U-Boote »U 25« bis »U 30« (Klasse 206) wurden diese Boote ebenfalls dem 1. UG zugeteilt.

Das 3. Ubootgeschwader wurde am 1. April 1972 in Eckernförde aufgestellt und in den Jahren 1973 / 1974 mit den zwölf typgleichen U-Booten »U 13« bis »U 24« der Klasse 206 ausgestattet. Am 21. Februar 1975 wurde der reaktivierte Tender »Lech« von dem Geschwader übernommen und verblieb dort bis zu seiner endgültigen Außerdienststellung am 30. Juni 1989. Ersatz wurde mit dem zum U-Boottender umgebauten ehemaligen Versorger »Meersburg« gefunden, der bis zum 22. Dezember 2004 im Dienst verblieb.

Die Jahre 1987 bis 1993 waren für das 1. und 3. Ubootgeschwader sehr ereignisreich und von großen Strukturveränderungen geprägt. Hannes Ewerth schreibt hierzu in seinem Buch »Die Ubootflottille der Deutschen Marine« auf der Seite 96:

»In den Jahren 1987 bis 1983 wurden das 1. und 3. Ubootgeschwader kräftig umstrukturiert. Im Zuge der »Kampfwerterhaltenden Maßnahmen« wurden fünf Boote des 1. UG nach ihrer Umrüstung zur Klasse 206A zum 3. UG verlegt und fünf nicht umgerüstete Boote des 3. UG dem 1. UG zugeteilt.

Das 1. UG verfügte zwar anfangs noch nominell über zwölf Boote, von denen jedoch sehr bald die ersten 205er gekadert wurden. Das heißt, dass die Planstellen für die Besatzungen der nicht fahrklaren Boote vorerst erhalten blieben. Beginnend mit »U 1« im Jahr 1981, gefolgt von »U 2« im Jahr 1992, »U 10« und »U 9« im Jahr 1993 wurden die Boote der Klasse 205mod außer Dienst gestellt. Es verblieben im Geschwader nur »U 11« als Ziel-U-Boot und »U 12« als Versuchsboot und sechs nicht umgerüstete 206er-Boote.

Mit der Verlegung des 1. UG nach Eckernförde und seiner Integration in die Ubootflottille wurden auch die letzten sechs nicht nachgerüsteten 206er-Boote außer Dienst gestellt. 1996 »U 20«, 1997 die Boote »U 13« und »U 14«, 1998 »U 19«, »U 21« und »U27«. Damit bestand das ehemalige 1. UG nur noch aus »U 11« und »U 12«.«

Nach der Auflösung der Flottille der Marineführungsdienste wurden dem 3. UG im Jahre 2002 die drei Flottendienstboote »Oste«, »Oker« und »Alster« unterstellt. Bereits vier Jahre später kam es im Vorgriff auf den Strukturwandel in der Deutschen Marine für das 3. UG am 13. Februar 2006 in Eckernförde zur Auflösung. Die verbliebenen U-Boote wurden in das 1. UG überführt, in das zwischenzeitlich seit dem 2. Mai 2005 der zum U-Boottender umgebaute Tender »Main« eingegliedert war. Nach Auflösung der Ubootflottille wurde das 1. UG am 30. Juni 2006 der Einsatzflottille 1 unterstellt.

2 Ausbildung in der Ubootflottille

Die am 1. August 1959 in Eckernförde aufgestellte und am 31. August 1960 nach Neustadt / Holstein verlegte Ubootlehrgruppe war die zentrale Schule der Ubootflottille und damit die einzige Schuleinrichtung im Bereich des Flottenkommandos. Hier erhielten alle Soldaten aller Dienstgrade ihre U-Boot spezifische Ausbildung, bevor sie an Bord ihre Dienstposten übernahmen. Vom Smut bis zum Kommandanten, wer U-Boot fahren wollte, musste den Lehrgang bei der ULG absolviert und bestanden haben.

Voraus gegangen war zunächst im Bereich der verschiedenen dem Marineamt unterstehenden Marineschulen die Ausbildung in den einzelnen Fachrichtungen wie zum Beispiel Navigation, Motorentechnik, Fernmeldedienst, Sonarkunde etc. Da aber bei U-Booten alles anders ist als auf einem normalen Schiff, war diese darauf aufbauende Zusatzausbildung an der ULG nun mal unbedingt notwendig und wurde deshalb auch eigenverantwortlich durchgeführt.

Zunächst waren als Schulboote die U-Boote »Hai« und »Hecht« der Ausbildungseinrichtung bis in die Mitte der 1960er Jahre zugeordnet. Nach deren ausscheiden übernahm »U 3« in den Jahren 1965 bis 1967 diese Funktion. In Folge der Stahlkrise kamen ab Oktober 1969 bis zu ihrer Außerdienststellung in der zweiten Jahreshälfte von 1974 die fünf Boote der Klasse 205 als direkt unterstellte Schulboote in Verwendung.

Da die ULG aber für eine praxisnahe Ausbildung dringend auf U-Boote angewiesen war, mussten nun ab Mitte der 1970er Jahre die beiden Ubootgeschwader Boote fest für die Ausbildung abstellen. Die Boote blieben weiterhin truppendienstlich den Geschwadern unterstellt und wurden in Angelegenheiten des Ausbildungsbetriebs von der ULG geführt. Dies hatte den Vorteil, dass die Kommandanten und Besatzungen von den voll operativ einsatzfähigen U-Booten der beiden Ubootgeschwader ihre auf dem neuesten Stand stehendes Wissen und ihre praktische Erfahrung direkt an die bereits vorher im Hörsaal in der Theorie geschulten Lehrgangsteilnehmer weitergeben konnten. Überwiegend geschah dies mit Tagesfahrten in der Neustädter Bucht, aber auch mehrwöchige Fahrten mit ausländischen Häfen standen auf dem Ausbildungsprogramm der ULG.

In Neustadt wurden außerdem Landanlagen zur U-Bootausbildung unterhalten, darunter zwei Tauchtöpfe, um die Rettungsausbildung durchzuführen. In einer nachgebildeten U-Bootsektion konnte der Ausstieg aus einem U-Boot unter Wasser geübt werden. Der hierzu 1977 als zweiter Tauchtopf fertiggestellte Tieftauchtopf hat eine Wassertiefe von 33,50 Meter.

Das Ausbildungsprogramm der ULG umfasste unter anderem:

- Einsatzgrundausbildung für Wachoffiziere, Schiffstechnische Offiziere und Unteroffiziere
- Ausbildung an den U-Bootrettungssystemen, die wie im Schlaf beherrscht werden mussten
- Ausbildung im Tieftauchtopf mit freiem Ausstieg aus 30 Meter
- praktische Bordausbildung auf den der ULG zugeteilten U-Booten

Am 31. August 1989 wurde die ULG in das Ausbildungszentrum Uboote (AZU) umgewandelt und verlegte nach Eckernförde. Dabei blieben die Tauchtöpfe und andere Landanlagen als Außenstelle in Neustadt. Auch die bislang bei der Marinewaffenschule durchgeführte Waffen- und Geräteausbildung, wie zum Beispiel das für die Ausbildung des OPZ-Personals hier vorhandene Ausbildungsgerät Waffensystem U-Boot 206 (AWU 206), wurde dort ausgegliedert und dem AZU unterstellt. Das AZU wurde zum 31. Dezember 2000 in den Stab der Ubootflottille integriert und war dann keine eigenständige Dienststelle mehr.

Bei der Auflösung der Ubootflottille und des 3. UG zum 30. Juni 2006, übernahm das AZU die Flottendienstboote, das Hydroakustische Analysezentrum der Marine (HAM) und die Marineunterwasserortungsstelle (MUWOSt) der Marineküstenstation Marienleuchte auf Fehmarn und führt damit auch die wesentlichsten Aufklärungsmittel der Marine. Gleichzeitig wurde das AZU wieder eine eigenständige Dienststelle auf Bataillonsebene, die der Einsatzflottille 1 unterstellt war. Im Rahmen der Neuausrichtung der Bundeswehr wurde es am 29. August 2013 dem 1. UG zugeteilt.

»Das Ausbildungszentrum Uboote ist mit Simulatoren prinzipiell für alle Systeme an Bord der deutschen U-Boote der Klasse 212A ausgestattet. Hauptaufgabe des Zentrums ist, künftige U-Boot-Crews sowohl individuell als auch als Team realistisch für Arbeit und Einsatz zu trainieren. Zur Ausrüstung des Ausbildungszentrum Uboote gehören deshalb unter anderem ein großer Tiefensteuersimulator, der alle Bewegungen und Lagen eines U-Bootes nachahmt, und mehrere genau nachgebaute U-Boot-Kommandozentralen«, teilt die Deutsche Marine auf ihrer Internetseite mit.

Nach Werftliegezeiten und / oder einem größeren Personalwechsel wurde unter Leitung des Kommandanten die sogenannte Einzelausbildung der Besatzung durchgeführt. Dabei wurde die reibungslose Zusammenarbeit bei Hafen-, Fahr-, Tauch- und Notmanövern eingeübt. War aus Sicht des Kommandanten das Boot genügend eingefahren, so erfolgte auf dessen Antrag hin die See- und Tauchklarbesichtigung durch den Geschwaderkommandeur, der dann die gezeigten Leistungen im Rahmen einer Tagesfahrt beurteilte.

Dieser See- und Tauchklarbesichtigung schloss sich dann nach einem gewissen Zeitraum, in dem weiterhin die Besatzung durch das Bordkommando geschult und aufgezeigte Mängelpunkte des Kommandeurs beseitigt wurden, die Tauchtechnische Gefechtsausbildung (TTG) an. Die TTG war wiederum im Zuständigkeitsbereich der Ubootlehrgruppe. Für eine etwa zehntägige Seefahrt, meist in die Tauchgebiete östlich von Bornholm oder im Skagerrak, wo jeweils große Wassertiefen vorhanden sind, schiffte sich die drei bis fünf Mann starke TTG-Gruppe unter Leitung eines Stabsoffiziers ein. Im Hinblick auf die Lebensverhältnisse in der ohnehin vorhandenen Enge eines U-Bootes an sich schon eine Herausforderung, die aber bei gegenseitiger Rücksichtnahme zu meistern war.

Die Ausbilder der TTG-Gruppe übten mit der Besatzung die schnelle, sichere und fachlich richtige Reaktion auf simulierte Lagen wie technische Ausfälle und Störungen, Wassereinbruch, Feuer im Schiff und schnelle Tiefenänderungen bei ebenfalls simulierten Notsituationen. Auch die schlafwandlerische Beherrschung der Rettungseinrichtungen war Ziel der TTG-Ausbildung. Dabei wurde mit einfachen Übungslagen angefangen, die nach und nach immer komplexer wurden und dann von der Besatzung den vollen Einsatz abverlangten. Vor allen Dingen auch deswegen, weil insbesondere gegen Ende der Ausbildungsphase alle möglichen Situationen auch noch zeitlich parallel eingespielt wurden.

War die TTG bestanden, so waren die U-Bootbesatzungen bestens ausgebildet, um mit ihrem Boot an Manövern teilzunehmen oder sich, wie es zum Beispiel ab der Jahrtausendwende immer häufiger politisch gefordert wurde, an Einsätzen im Rahmen des internationalen Krisenmanagements zu beteiligen. Sowohl bei den Partnermarinen der NATO wie auch international wurden die Einsatzfähigkeiten und das Leistungsvermögen der doch recht kleinen deutschen U-Boote der Klasse 206 immer wieder bewundert und anerkennend kommentiert.

Noch ein kurzer Hinweis auf den Ausbildungs- und Werdegang zum Kommandanten eines U-Bootes. In der Regel kam der U-Bootoffizier nach dem erfolgreichen Abschluss der Einsatzgrundausbildung für Wachoffiziere für eine jeweils zwei- bis dreijährige Bordverwendung auf folgende Dienstposten:

- Zweiter Wachoffizier (II WO, Bootswaffenoffizier)
- Schiffstechnischer Offizier (bis etwa Mitte der 1970er Jahre, dann übernahmen technische Offiziere diesen Dienstposten)
- Erster Wachoffizier (I WO, Bootsoperationsoffizier)

Als Wachoffizier war eine Art Berichtsheft zu führen. Dieses »Leistungsnachweis für Uboot-Wachoffiziere« genannte Dokument, das sich abstufend in die Leistungsnachweise I, II und III gliederte, war für den Geschwaderkommandeur die Grundlage für eine abschließender Beurteilung, die wieder dem Befehlshaber der Flotte als Entscheidungsgrundlage für die Ausstellung des Kommandantenzeugnisses diente. Damit war der Weg frei als Kommandant ein U-Boot führen zu dürfen.

Seit den 1980er Jahren schließt sich an die I WO-Zeit noch ein zusätzlicher auf den bisherigen Erkenntnissen und Erfahrung aufbauender spezieller Kommandantenlehrgang an, bevor das begehrte Kommandantenzeugnis ausgestellt wird.

3 Manöver mit NATO-Partnern

FLOTTENKOMMANDO

KOMMANDANTENZEUGNIS

Kapitänleutnant
DIENSTGRAD

VORNAME NAME

PK

HAT DIE BEFÄHIGUNG ZUM FÜHREN
EINES KRIEGSSCHIFFES UND
SEINER BESATZUNG NACHGEWIESEN
HIERMIT BESTÄTIGE ICH DIE
KOMMANDANTENEIGNUNG FÜR

TYP

GLÜCKSBURG, DEN DER BEFEHLSHABER DER FLOTTE

VIZEADMIRAL

Das vom Befehlshaber der Flotte ausgestellte Kommandantenzeugnis befähigt zur Führung eines Kriegsschiffes der Seestreitkräfte der Bundesrepublik Deutschland. (Foto: Hans Karr)

An fast allen in der Nord- und Ostsee abgehaltenen NATO-Manövern waren die U-Boote der Klasse 206 / 206A Teilnehmer und überzeugten die Bündnispartner von ihrer Leistungsfähigkeit. Die Boote zeichneten sich durch kleine Bootskörper, amagnetische Bauweise, Geräuscharmut, lange Tauchzeiten und große Waffenreichweite aus. Sie simulierten Angriffe auf Schiffsverbände und dienten den U-Jagdeinheiten als »Sparrings-Partner«. Die schwer ortbaren U-Boote waren begehrte Zielobjekte für die Ausbildung des U-Jagdpersonals auf Zerstörern und Fregatten der NATO-Marinen.

So erinnert sich der Verfasser aus seiner eigenen Bordzeit noch sehr genau an den unmittelbar nach Ende der Übung fernschriftlich an die Manöverleitung übermittelten sogenannten First Impression Report eines wohl total frustrierten amerikanischen Zerstörer-Kommandanten mit der darin enthaltenen Bemerkung: »It is just unfair to fight with such small submarines.« Zum Hintergrund: Die am Manöver teilnehmenden U-Boote der Klasse 206 waren während einer U-Jagdübung trotz der großen Zahl der in der Übung beteiligten U-Jagdeinheiten mehrfach zum »erfolgreichen Torpedoschuss« gekommen, ohne selbst entdeckt oder erfasst zu werden.

4 Einsätze in ausländischen Gewässern

Auch den Sprung über den »Großen Teich« haben die U-Boote der Klasse 206A geschafft. »U 17« und »U 26« überquerten im Frühjahr 1997 in Begleitung des U-Boottenders »Meersburg« den Atlantik zu Übungen mit der US Navy. Der große Erfolg dieser Amerikafahrt führte im Februar 1999 zu einer Wiederholung durch »U 15« und »U 25«. Die dritte und letzte Atlantiküberquerung machten zwei Jahre später »U 24« und »U 28«.

Ab den 1990er Jahren waren U-Boote der Klasse 206A auch regelmäßig im Mittelmeer im Einsatz. Sie beteiligten sich zum Beispiel an der NATO-Operation »Active Endeavour«, deren Ziel es war NATO-Solidarität und Entschlossenheit zu demonstrieren und zur Entdeckung und Abschreckung terroristischer Aktivitäten im Mittelmeerraum beizutragen. Im Rahmen dessen führten U-Boote der Klasse 206A Seeüberwachungsoperationen im östlichen Mittelmeer durch.

5 Der letzte Einsatz: Abschied von der Flotte

Die im Sommer 2010 noch im Dienst befindlichen sechs restlichen U-Boote der Klasse 206A sollten eigentlich bis zum Zulauf des zweiten Bauloses der Klasse 212A im Dienst bleiben bzw. sukzessive bis 2015 außer Dienst gestellt werden. Doch dann kam plötzlich alles ganz anders. Auch die Marine musste sich den Sparzwängen der Bundeswehr unterordnen. Im Juni 2010 wurde verfügt, die Boote mit sofortiger Wirkung aus der Fahrbereitschaft zu nehmen. Grund hierfür war die beabsichtigte Bündelung finanzieller und personeller Ressourcen, um die operationelle Verfügbarkeit der neuen U-Boote der Klasse 212 A zu erhöhen.

Am 30. August 2010 liefen alle sechs U-Boote nochmals in Formation fahrend gemeinsam aus Eckernförde aus und verabschiedeten sich so von der Marine. Damit endete die 35-jährige Ära der Klasse 206 / 206A in der Deutschen Marine. In einer Pressemitteilung würdigte das damals noch in Glücksburg stationierte Flottenkommando das Ereignis wie folgt:
»Für die sechs Uboote der Klasse 206A hieß es am 30. August 2010 im Kranzfelder Hafen des Marinestützpunkts Eckernförde ein letztes Mal »Besatzungen auf Manöverstation!« und »Leinen los!«. Um 9 Uhr verließen dann »U 15«, »U 16«, »U 17«, »U 18«, »U 23« und »U 24« gemeinsam den Hafen.

»Heute wollen wir noch einmal gemeinsam zur See fahren, um in angemessener Art und Weise unsere U-Boote der Klasse 206A zu verabschieden, die nun nach 35 Jahren im Dienste der Deutschen Marine nicht etwa zu Grabe getragen, sondern mit Respekt in den wohlverdienten Ruhestand entlassen werden«, hob der Kommandeur des 1. Ubootgeschwaders, Fregattenkapitän Patrick Rothehüser, bei seiner Auslaufmusterung hervor.

Begleitet von den Flottendienstbooten »Alster« und »Oste« ging es in die Eckernförder Bucht. Nachdem einige Formationen gefahren wurden, liefen die U-Boote unter den Klängen des Marinemusikkorps Ostsee wieder in den Hafen ein. Und auch wenn man die U-Bootfahrer als hart bezeichnet, tatsächlich floss während des traditionellen Einlaufbiers bei dem ein oder anderen eine kleine Träne.«

»U-Boot fahren ist natürlich weit mehr als der Bau der Boote; mindestens genauso wichtig sind die Besatzungen, die die Boote zur See fahren. Auch in dieser Hinsicht waren die Besatzungen der U-Boote der Klasse 206A Wegbereiter für unsere heutigen Einsätze«, sagte Fregattenkapitän Rothehüser abschließend.«

Diese und folgende Seiten: Der Abschied der U-Boote Klasse 206A von der Flotte fand am 30. August 2010 mit einer beeindruckenden Parade und Formationsfahrt in der Eckernförder Bucht statt. (Fotos: Deutsche Marine)

S 196
S 195

Abschnitt 9.6 Das Leben an Bord eines U-Bootes der Klasse 206

Das gegenseitige Verstehen, das Sich-auf-den-anderen-voll-und-ganz-verlassen-können, war gerade bei den wenigen Männern einer U-Bootbesatzung das A und O. Hier hieß es nur, sich anzupassen, einzugewöhnen und einzufügen. Einen privaten Rückzugsraum gab es hier einfach nicht. Der Dienst war hart und eben nur durchzustehen, wenn das menschliche Miteinander und der oft beschworene Geist der U-Bootfahrer die Besatzung trugen.

Diese Besatzung setzte sich auf den U-Booten der Klasse 206 aus insgesamt 22 Mann zusammen. Im Einzelnen:

- Vier Offiziere:
  - Kommandant
  - Bootsoperationsoffizier (I WO)
  - Bootswaffenoffizier (II WO)
  - Schiffstechnischer Offizier (STO)
- Fünf Portepee-Unteroffiziere:
  - Navigationsmeister / Nav-Meister (Navigation)
  - Sonarmeister (Akustik, Sonargeräte)
  - Torpedomeister (Torpedos, Torpedorohre)
  - Motorenmeister / Mot-Meister (Dieselmotoren, Aggregate)
  - Elektromeister / E-Meister (Elektro-Fahrmotor, Elektrik)
- Dreizehn Unteroffiziere:
  - Navigationsmaat, Sonarmaat, Elektronikmaat, 2 x Torpedomaat, 2 x Funkmaat, Decksmaat, Kochsmaat, Motorenmaat, Zentralemaat, 2 x Elektromaat,

Die Besatzung war auf See in einen bei 0 Uhr beginnenden vierstündigen Wachrhythmus eingebunden. Das heißt: Vier Stunden Seewache und vier Stunden Freiwache wechselten sich ab. Die Wache von 16 bis 20 Uhr war aufgeteilt in die Törns von 16 bis 18 Uhr und von 18 bis 20 Uhr. Dadurch kam ein täglicher Wechsel in der Reihenfolge zustande, sodass nicht immer die gleiche Wachgruppe die ungünstige »Hundewache« von 0 bis 4 Uhr gehen musste. Keine Wache gingen Kommandant, Schiffstechnischer Offizier und der Smut. Sie waren die sogenannten Dauerwächter.

Vor Wachantritt respektive nach der Ablösung wurden die Mahlzeiten eingenommen. Alle persönlichen Dinge mussten ebenfalls in der Zeit der Freiwache erledigt werden. Außerdem war auch noch die eine oder andere Dienstverrichtung zu tätigen. Die Möglichkeit zum Schlafen beschränkte sich so auf etwa knapp drei Stunden. War das Boot in einem Manöver, so musste auch die Freiwache häufig auf Gefechtsstation. Dann blieb kaum noch eine Möglichkeit für eine längere Ruhephase.

Der sich zwangsläufig einstellende Schlafmangel merkte man so etwa am zweiten oder dritten Seetag. Die Besatzung wurde dann zum Teil

Die Mannschaftsunterkunft im Bugraum der Klasse 206 unterschied sich kaum von der auf der Klasse 205mod. (Foto: Hans Karr)

etwas aggressiv. Ein falsches Wort zur falschen Zeit und schon war manchmal eine Streiterei unter den Leuten im Gang. Diese Phase legte sich aber wieder automatisch so am fünften Seetag. Mittlerweile hat-

Spindraum war nur für »Kleinteile« vorhanden und äußerst sparsam bemessen. Links unten ist ein elektrischer Heizlüfter zu erkennen. Sonst gab es auf den Booten keine Heizmöglichkeit. (Foto: Hans Karr)

te sich nämlich jeder an den neuen Lebensrhythmus gewöhnt und alle waren wieder friedlich.

Der Wohnraum der Besatzung im vorderen Teil des Bootes unterschied sich in seiner Ausgestaltung kaum von dem der Klasse 205mod. Vorhanden waren wieder:

- Wohn- und Schlafraum der Portepee-Unteroffiziere (PUO-Messe)
- Wohn- und Schlafraum der Unteroffiziere (Uffz-Messe)
- Wohn- und Schlafraum der Offiziere (O-Messe).

Wie überall im Boot war auch im Wohnbereich jeder noch so kleinste Raum mit Geräten, Bedienelementen und Rohrleitungen der unterschiedlichsten Art regelrecht vollgestopft. Dass hier auch noch eine Besatzung unterzubringen war, die hier leben und arbeiten sollte, schien den Konstrukteuren scheinbar erst im letzten Moment eingefallen zu sein.

Ordnung und Sauberkeit waren an Bord unabdingbar gefragt und nicht diskussionswürdig. Beim Auslaufen, wenn die Verpflegung und alle sonstigen Dinge, die man für die Seefahrt brauchte an Bord verstaut waren, herrschte eine noch größere Enge und zunächst mal ein katastrophaler Zustand, den es möglichst schnell, auch aus Sicherheitsgründen, in Ordnung zu bringen galt. Aber der Mensch gewöhnt sich an alles.

In aufgehängten Netzen verstaut oder in Kisten abgepackt vor den Torpedorohren gelagert waren Verpflegung und Verbrauchsgüter wie zum Beispiel Reinigungsmittel für das täglich durchzuführende Reinschiff oder Toilettenpapier; bei 22 Mann war es auf einer längeren Seefahrt schon notwendig einige Rollen davon mitzunehmen. Für alles musste ein Stauplatz gefunden werden und an alles musste gedacht werden. Unterwegs konnte man ja schließlich nicht mal kurz irgendwo anhalten und in einen Supermarkt einkaufen gehen, um fehlende Sachen zu besorgen.

Uniformen waren auf Kleiderbügeln irgendwo, gerade dort wo sich eine freie Ecke oder ein freies Plätzchen fand, aufgehängt. Die persönlichen Spinde der Besatzung hatten geringe Abmessungen von nur etwa 15 x 55 x 60 Zentimeter. Da sie direkt an der Außenhülle angebracht waren, verloren sie durch deren Rundung in der Tiefe zunehmend an Höhe und Rauminhalt. Außerdem bildete sich häufig Schwitzwasser. Es war also ratsam die Wäsche in »Tagesrationen« in Plastikbeuteln (Gefrierbeutel) einzuschweißen, wollte man beim Wäschewechsel trockene Sachen anziehen.

Bei den Offizieren sah es ein klein wenig besser aus. Für drei Mann hatten sie noch einen Langspind zum Aufhängen der Uniformen. Aber ansonsten stand dem Bewohner der O-Messe auch nur ein kleiner Spind als Stauraum für persönliche Dinge zur Verfügung.

An den Wohnbereich der Unteroffiziere schloss sich an Steuerbord die kleine zwar nur mit den notwendigsten Geräten aber doch zweckmäßig ausgestattete Kombüse an. Gegenüber der Klasse 205mod waren die eingebauten Geräte jedoch unterschiedlich angeordnet. Hier war das Reich des Smuts. In dieser »Kochnische« musste er an jedem Seetag für 22 Mann vier Mahlzeiten (Frühstück, Mittagessen, Abendbrot, Mittelwächter) zubereiten. Bisweilen konnte man schon mal aus der Besatzung Sprüche hören wie »Etwas warmes braucht der Mensch« oder »Ohne Mampf kein Kampf«. Der Smut hatte unbestritten einen großen Einfluss auf die Stimmungslage an Bord.

Der Mittelwächter war eine kleine warme Mahlzeit, die eigentlich nur der aufziehenden Seewache zustand. Aber die abgelöste Wache hatte in der Regel auch Hunger. Also gab es für alle irgendeine schmackhafte Kleinigkeit - zwei Spiegeleier mit Brot, Eierpfannkuchen, eine kräftige Suppe oder ein paar Bratkartoffeln von den Resten des Mittagessens - wie auch immer, alle waren zufrieden. Die Einen gingen dann auf Wache, um diese Uhrzeit auch »Hundewache« genannt, und die Anderen verkrochen sich in ihrem Schlafsack auf der Koje.

Das Essen spielte überhaupt eine große Rolle. Es war häufig die einzige Abwechselung am Tag und das Mittagessen meistens dessen Höhepunkt. Insbesondere bei längeren getaucht durchgeführten Verlegungsfahrten, wo in einer eintönigen vom elektrischen Licht bestimmter Bootsatmosphäre nur der sture Wachrhythmus vorhanden war und das Zeitgefühl allmählich verloren ging. Alles lief gleichbleibend ab und die zum Wachwechsel eingenommenen Mahlzeiten waren oft der einzige Hinweis auf die Tageszeit. Die verausgabte Verpflegung konnte man eindeutig dem Morgen, dem Mittag, dem Abend oder der Mitternacht zuordnen und man wusste, auf welchen Wachtörn man aufziehen musste. Vielleicht etwas übertrieben ausgedrückt, aber ganz zu leugnen waren diese Zusammenhänge auch nicht.

Für die ersten Seetage konnten die Boote eingelagerte Frischverpflegung mitnehmen. Das waren alle nicht konservierten Lebensmittel wie

Alles für die Seefahrt Notwendige an Ausrüstung hat trotz der beengten Verhältnisse irgendwie seinen Platz gefunden. Allerdings muss noch etwas Ordnung geschaffen werden. (Foto: Hans Karr)

Die persönlichen Spinde der Besatzung hatten nur geringe Abmessungen und maßen etwa 15 x 55 x 60 Zentimeter. Durch die runde Bordwand nahm mit zunehmender Spindtiefe auch die Höhe ab. Allzu viele Sachen konnte man also darin nicht verstauen. (Foto: Hans Karr)

zum Beispiel Obst, Gemüse, Milchprodukte, Fleisch und Wurstwaren, die ohne Kühlung nur eine begrenzte Haltbarkeit hatten. Der in der Kombüse eingebaute Kühlschrank hatte mit seinen 50 Liter Rauminhalt nur eine sehr eingeschränkte Lagerkapzität. Eine größere Menge an Frischverpflegung war also nicht machbar.

Waren die Torpedorohre nicht vollständig mit der Grundbeladung an Torpedos belegt, so konnte auch dort einiges an frischen Lebensmitteln gestaut werden. Da die Torpedorohre aus dem Druckkörper in den frei durchfluteten Bugbereich ragten, waren sie immer schön kühl und für solche Zwecke bestens und zweckentfremdend zu gebrauchen. Außerdem konnte man dann auch Kantinenwaren - ab und zu mal ein Bier nach der Wachablösung, das war ja auch nicht zu verachten - in größerem Umfang mitnehmen. Man wusste sich auf U-Booten halt immer zu helfen und sich selbst das Leben so angenehm wie möglich zu gestalten.

War die Frischverpflegung aufgebraucht, so musste die Besatzung von der U-Boot-Sonder-Verpflegung (USV) leben. Das waren konservierte Fertiggerichte und andere lang haltbare Lebensmittel. Sie waren über das gesamte Boot verteilt gestaut. Gerade so wie es sich aus dem tatsächlich verfügbaren Platzangebot ergab.

Das USV-Menü-Angebot bestand zum Beispiel aus Gulasch, Bratenfleisch, Rouladen, Gemüse- und Nudelgerichte oder fertig gegarten Kartoffeln. Zum Nachtisch konnte man sich einen Früchtereis oder Obstkonserven gönnen. Das Brot war vakuumverpackt und daher auch ohne Kühlung lange haltbar und schimmelfrei.

Schinken und Dauerwurst ließen sich auch gut zwischen den Torpedorohren frei hängend problemlos mitnehmen. Ebenso überdauerten dort ein Säckchen Zwiebeln oder ein Säckchen frische Kartoffeln so manchen Seetag und dienten als willkommene Ergänzung und Bereicherung der USV-Konserven-Nahrung.

Der Smut, dem es hier natürlich oblag bei dem bei der Ausrüstung durchgeführten »Stauplan« auch den Überblick zu behalten, musste im Prinzip diese USV-Gerichte nur noch in einem Wasserbad warm machen. Besser schmeckten sie allerdings, wenn er doch noch seine beruflichen Kochkünste aktivierte und mit Gewürzen und anderen »Küchengeheimnissen« die Geschmacksnerven der Besatzung zufrieden stellte.

Ein guter Smut hatte damit in der Regel kein Problem, mancher »Küchenmeister« aber mit der USV generell. So fiel schon mal in der Kombüse sinngemäß die Bemerkung: »Dosen aufmachen und den Inhalt aufwärmen, das kann doch jeder Trottel. Dafür hätte ich nicht drei Jahre Koch lernen müssen.« Aber was soll´s; es gab nun mal keine andere Möglichkeit. Die Besatzung musste ja irgendwie überleben.

Es gab aber auch noch einen anderen Weg, um an Frischverpflegung zu kommen und dieser hieß Fish-Ex (Fish Exercise). Die U-Boote waren oft in dänischen und in der Nähe von schwedischen Gewässern unterwegs. Dass man dort beim Überwassermarsch auch häufig Fischereifahrzeugen dieser Länder begegnete, war nichts Ungewöhnliches. Bekannt war auch, dass in Skandinavien der Alkohol sehr teuer war. Was war also naheliegend? Man musste ein Tauschgeschäft in die Wege leiten. Eine Flasche guten Whiskey oder Rum und eine Stange Zigaretten aus dem Bestand der Bordkantine gegen einen Korb voll frisch gefangenen Dorschen oder Schollen vom Fischkutter. Dies hatte sich so im Laufe der Zeit als feste Tauschgröße eingespielt. Beide Seiten hatten damit ihren Vorteil. Den größten wohl die U-Bootbesatzung, die so ihre eintönige USV-Verpflegung für ein oder zwei Tage nicht anrühren musste. Wer absolut keinen Fisch mochte, der hatte Pech gehabt und musste halt seine Kartoffeln ohne Beilage essen. In solchen Fällen war der Smut allerdings auch eisern und unbestechlich. Mit dem Ausnehmen der Fische hatte er schon genug zusätzliche Arbeit gehabt, bei der er aber auch andererseits tatkräftig und gerne von der Besatzung unterstützt wurde. Die erwartete sprichwörtliche Extrawurst wurde jedenfalls nicht gebraten.

Eine der Höhepunkte bei der U-Bootverpflegung waren auch die Tage, an denen der Smut zum Frühstück Brötchen backte. Im Normalfall keine große Kunst für ihn. Aber manchmal ging es auch schief, ohne dass man ihn dafür hätte verantwortlich machen können. War der Teig im Backofen und in der Schiffstechnik wurde bei der Regelung des Luftdrucks nicht so richtig aufgepasst, dann war es schnell passiert. War der Druck etwas zu hoch, dann kamen die Brötchen als »Tennisbälle« aus dem Ofen. War der Luftdruck zu niedrig, waren die Brötchen zwar groß, bestanden aber mehr aus Luft als aus Teigmasse. Die Schuldigen wurden dann meistens sehr kleinlaut. Vorsatz konnte man allerdings ausschließen, denn auch die Schiffstechniker aßen gerne gute Brötchen zum Frühstück.

Direkt neben der Kombüse in Richtung OPZ war auf den Booten der Klasse 206 die einzige an Bord vorhandene Toilette. Sie war der einzige Ort auf dem Boot, wo man für ein paar Minuten mal wirklich allein sein konnte. Viel länger ging nicht, denn dann klopfte es schon an die Tür, weil ein anderer Bordkamerad ebenfalls ein gewisses Bedürfnis für die Benutzung von diesem Ort hatte.

Eigentlich war die Toilette ein Multifunktionsraum. Neben dem Toilettenbecken war noch ein Waschbecken vorhanden. Aber mehr als das tägliche Zähneputzen und ein paar Mal am Tag die Hände waschen war nicht drin. Frischwasser war auf einem U-Boot knapp, wenn nicht sogar sehr knapp und der Smut hatte darauf logischerweise die größten Anrechte.

Zwischen Toilettenbecken und Handwaschbecken war die Bold-Schleuse eingebaut. Hierbei handelte es sich um eine Vorrichtung mit der man unter Wasser pyrotechnische Signalkörper ausstoßen konnte. Bediener dieser Anlage war der Smut, der ja direkt daneben seinen Arbeitsplatz hatte und so bei Bedarf immer schnell vor Ort sein konnte.

Stiegen in einem Manöver neben einer der übenden Einheiten grüne Sterne auf, so bedeutete dies, dass das U-Boot einen Angriff gefahren und simuliert einen Torpedo geschossen hatte. Die Kommandanten der Überwasserschiffe waren dann nicht allzu begeistert, denn im Ernstfall wäre ihr Schiff jetzt versenkt. Aber mit einer guten Dokumentation des Angriffsverlaufs konnte der U-Bootkommandant bei der Manöverabschlussbesprechung jeder vorgebrachten Ausrede oder gar Beschwerde glaubhaft widersprechen.

Hätte das U-Boote allerdings rote Sterne geschossen, dann hätte es damit angezeigt, dass es sich selbst in einer tatsächlichen ernsthaften Notlage befindet. Ein roter Stern ist in der Seefahrt immer ein Notsignal. In Folge hätten die Manöverteilnehmer Suchaktionen und Hilfeleistungen in die Wege leiten müssen.

Unter all diesen Gerätschaften verbarg sich noch eine vierte Funktion des Toilettenraums: die Abfallschleuse. Dies war eine Wasserzelle mit einem Fassungsvermögen von rund 120 Litern, in die sich die Toilette und das Handwaschbecken entleerten. Sie besaß außen und innen einen druckfesten Verschluss. Routinemäßig musste sie etwa ein bis zweimal am Tag entleert werden. Hierzu wurden die Ventile der Zuleitungen geschlossen und in der Schleuse ein Druckausgleich nach draußen hergestellt. Nun ließ sich die Außenklappe öffnen und durch Erhöhung des Innendrucks mit Druckluft die Schleuse entleeren. »Fische füttern« nannte man scherzhaft diesen Vorgang. Mit einer mehrmaligen Druckänderung konnte man so die Abfallschleuse spülen. War dieser Vorgang beendet, wurde die Außenklappe bei leerer Schleuse wieder geschlossen, ein Druckausgleich hergestellt und die normale Inbetriebnahme wieder vorgenommen. Fehlbedienungen der verschiedenen Ventile konnten fatale Folgen haben, in dem sich zum Beispiel der Inhalt in eine Richtung entsorgte, wie es eigentlich nicht gedacht war. Das ist alles schon einmal vorgekommen und war für den betroffenen (Fehl-)Bediener gewiss keine schöne Angelegenheit.

Gegenüber der Toilette in Bootsmitte und am vorderen Rand der OPZ befand sich das Turmluk. Das war der normale Weg, um in das Boot zu gelangen oder um es zu verlassen. Wollte man nach oben so hieß erst mal laut und deutlich »Aufwärts«, wollte man nach unten, dann entsprechend »Abwärts«. Mit dieser Ansage machte man sein Vorhaben der

Die Kombüse war klein, aber zweckmäßig eingerichtet. Gegenüber der Klasse 205mod waren die eingebauten Küchengeräte unterschiedlich angeordnet. (Foto: Hans Karr)

Die Toilette war, wie im Text beschreiben, ein Multifunktionsraum. (Foto: Hans Karr)

Passage und sein Wegerecht geltend. Eine Zwei-Bahn-Straße war das enge Turmluk gewiss nicht und Passier-Unfälle galt es zu vermeiden.

Beim Tauchen war der Kommandant der letzte, der die Brücke verließ, das Turmluk schloss und über die Leiter in die OPZ abenterte und dann den Befehl zum Tauchen gab. Beim Auftauchen war er umgekehrt der Erste, der das Turmluk öffnete, die Brücke betrat und dann schnell die Überwasserlage kontrollierte. War alles in Ordnung zog als nächstes ein Wachoffizier und ein Ausguck als Brückenwache auf. Nach und nach wurde dann die Brücke aufgetakelt. Das heißt: die Flagge gesetzt, die vorgesehenen Schutzscheiben montiert und sonstige für den Wachbetrieb notwendige Utensilien heraufgebracht.

Nun kam für viele Raucher der spannendste Moment. Auf dem U-Boot war das Rauchen und offenes Feuer generell verboten. Man konnte nie wissen, ob im laufenden Betrieb die Batterie gast und sich eine Knallgasmischung entwickelt. Ein Funke, ein Knall und das wäre womöglich das Ende gewesen. In der Regel hielten auch starke Raucher die Tauchfahrten aus. Alle waren ja diesbezüglich eingeschränkt und betroffen. Für keinen gab es eine Ausnahme. War aber einmal das Turmluk offen, so war mancher kaum noch zu bremsen. Es gab sogar Gerüchte, dass es Versuche gegeben hätte, den Kommandanten beim Aufentern im Turmluk zu überholen. Nun, das Letztere kann man gewiss als Seemannsgarn abhaken. Aber kaum war die Brücke freigegeben, kam von unten auch schon der erste Anruf: »Frage ein Mann Brücke?«. Viel Platz war ja auf der Brücke nicht vorhanden, aber ein oder zwei Mann konnten dann doch, neben der Brückenwache regelrecht eingeklemmt oder auf der Verkleidung sitzend, dort ihren Glimmstängel mit mehr oder weniger Genuss rauchen und mit der Brückenwache einen kleinen Klönschnack halten. Derweil mussten die anderen Raucher unten auf ihre »Changs auf Brücke« warten. Das Sprichwort »Der frühe Vogel fängt den Wurm« kam hier im wahrsten Sinne des Wortes zum Tragen.

Die Brücke war, vor allen Dingen bei schönem Wetter, auch allgemein ein beliebter Platz. Konnte man doch hier die Lunge wieder so richtig freiatmen und dem im Boot allgegenwärtigen U-Bootsmief, der aus einer wilden Mischung von Küchendunst, Dieselöl, Körpergeruch, Schweiß und sonstigen undefinierbaren Gerüchen bestand, mal für kurze Zeit entgehen.

Blies der Wind und die kalte See kam über, so waren der Wachoffizier und der Ausguck in der Regel die einsamsten Menschen an Bord. Kam nach der Ablösung die Brückenwache - der Wachoffizier musste die gesamte Wachzeit durchhalten, die Unteroffiziere lösten sich meist im Stundenrhythmus als Ausgucks untereinander ab - dann vollkommen durchnässt, steif gefroren und mit klammen Fingern nach unten, so führte der erste Gang in Richtung STZ und Maschinenraum. Die Techniker waren immer kameradschaftlich hilfsbereit beim Ausziehen des nassen Zeugs. Bei der Menge von Kleidungsstücken, die man insbesondere im Winter so anhatte, war die Hilfe auch wirklich nötig. Im Motorenraum wurde dann alles zum Trocknen aufgehängt.

Vom STO war aber auch manchmal scherzhaft die Bemerkung zu hören: »Hätten Sie etwas Anständiges gelernt, so könnten Sie auch hier unten im Trockenen und Warmen ihre Seewache gehen.« Aber es kam auch mal wieder der Zeitpunkt, wo der STO – natürlich nur bei schönem Wetter – aus seinem Reich der drehenden Räder, zischenden Ventilen, laut knallenden Fahrschaltern, brummenden Pumpen und dröhnenden Dieselmotoren sowie dem alles überlagernden Öl- und Dieselgeruch entfliehen wollte und auf die Brücke kam. Hier war aber der Wachoffizier der Chef. Der konnte nun mit Fug und Recht und ohne ein schlechtes Gewissen zu haben Kontra geben: »Hätten Sie etwas Anständiges gelernt, dann könnten Sie auch ihren Dienst bei ruhiger See, blauem Himmel und Sonnenschein sowie frischer Seeluft genießen.«

Solche Neckereien, anders kann man dies ja nicht bezeichnen, kamen häufig auf allen Ebenen und zu allen möglichen Themen und Anlässen vor. Meistens spielten sie sich ab zwischen den Schiffstechnikern, auch Heizer genannt, und den Operateuren, die auch als Funktionäre bezeichnet wurden. Jede dieser Gruppen hielt sich ohnehin in ihrem gezeigten Gehabe als der bessere und wichtigere Teil vom Ganzen. Aber dem war nicht so.

Jeder hatte gleichermaßen sein Päckchen zu tragen. Der Eine stand beim Überwassermarsch im schlechten Wetter auf der Brücke buchstäblich mehr unter als über dem Wasser. Der Andere schraubte manchmal stundenlang mit seinen Mannen an einem Dieselmotor herum und versuchte in höchster Verzweiflung und mit Hilfe technischer Handbücher herauszufinden, warum das verfluchte Ding sich mit konstanter Boshaftigkeit weigerte richtig zu funktionieren. »suum cuique« - »Jedem das Seine«.

Letztendlich mussten aber beide Seiten zusehen, dass das »Gesamtsystem U-Boot« menschlich, technisch und operativ funktionierte und »ohne Sand im Getriebe« am Laufen blieb. Das war auch – Schwierigkeiten der verschiedensten Art gab es immer mal wieder – in der Regel so der Fall.

Doch zurück zum Ablauf einer Wachablösung bei einer Schlechtwetterlage. Hatte man sich in der STZ seiner nassen Brückenkleidung entledigt, mit klammen Fingern das vom Steuermann, so die zweite und allgemein übliche Bezeichnung des Navigationsmeisters, über den Wachzeitraum geführte Schiffstagebuch abgezeichnet, so hieß es schnell noch etwas essen – oder auch nicht – und dann im Schlafsack auf die Koje, um sich wieder aufzuwärmen und eine Mütze voll Schlaf zu bekommen.

Zeit durfte man als Wachgänger nicht verschenken. Die Zeit war ein viel zu wertvolles Gut. Insbesondere in einer Manöverphase, wo man doch recht häufig auch in der Freiwache auf Gefechtsstation musste, war der Schlaf eine Mangelware. Scheinbar viel zu schnell wurde man wieder geweckt und der nächste Wachtörn war angesagt. Man holte sich seine manchmal immer noch feuchte aber zum Glück angewärmte Brückenkleidung im Maschinenraum wieder ab, quälte sich regelrecht in die vielen Sachen, die vor Nässe und Kälte schützen sollten, wieder hinein, informierte sich beim Steuermann über Standort, Kurs, Fahrtstufe und navigatorische Besonderheiten, erhielt gegebenenfalls vom Kommandanten noch Einzelbefehle oder Anweisungen und enterte dann nach einem lauten »Aufwärts« wieder erneut auf, um auf der Brücke den »schon seit vier Stunden wartenden« Wachoffizierskameraden abzulösen.

Die nächsten Stunden waren dann manchmal sehr lang. Die Uhr schien plötzlich einen anderen wesentlich langsameren Gang zu haben. Aber es war ja auch nicht alle Tage schlechtes Wetter und außerdem half die selbst beschaffte Nässeschutzkombi, wie sie an Land bei Motorradfahrern im Gebrauch war, auch einem U-Bootfahrer über das Schlimmste hinweg.

Seltsamerweise gab es trotz solcher feuchten und kalten Umweltverhältnissen und Lebensbedingungen keine oder nur äußerst selten Erkältungskrankheiten bei der Besatzung. Den Bazillen, Viren und sonstigen Mikroben war wohl das Leben auf einem U-Boot nicht ganz genehm und nicht geheuer. Allerdings: Man musste sich auch vernünftig anziehen. Eine Nierenwärmebinde, eine Katzenfelljacke, letztere sogar vom Kommando gestellt, und warme Angora-Unterwäsche halfen da vortrefflich als vorbeugende und die Gesundheit erhaltende Maßnahmen.

Das Leben der U-Bootfahrer war nicht immer leicht und manchmal auch durchaus als hart zu bezeichnen. Bisweilen fragte man sich, warum man die ganzen Beschwerlichkeiten auf sich nimmt. Auf anderen Kommandos ließ es sich doch scheinbar wesentlich besser leben.

Aber wenn eine Besatzung menschlich funktionierte und alle, wenn es darauf ankam an einem Strang in die gleiche Richtung zogen, so war spätestens nach dem »Seeklar zurück« und beim traditionellen, nur bei den U-Bootfahrern üblichen Einlaufbier auf der Pier so manche erlebte Unbill und manche Unannehmlichkeit der gerade abgeschlossenen Seefahrt wieder vergessen. Nur das Angenehme blieb und bleibt dauerhaft in Erinnerung.

U-Boot fahren hieß aber auch mit Leidenschaft und innerer Überzeugung bei der Sache zu sein, sein Bestes an Leistung zu geben und sich mit den Bordkameraden zu freuen, wenn alles mal wieder geklappt hatte, keiner der Besatzung zu Schaden gekommen war und das Boot bei seinem Einsatz sichtbare Erfolge vorweisen konnte. Dann war die Welt wieder in Ordnung. Die nächste Seefahrt stand ohnehin schon auf dem jährlichen Ausbildungs-, Fahr- und Manöverprogramm und dann hieß es wieder schlicht und einfach nach der Jahrhunderte alten Erkenntnis der Römer: »navigare necesse est«.

Anmerkung: Dieses Kapitel wurde vom Autor aus der Erinnerung heraus geschrieben ohne anderweitige Quellen als das eigene Gedächtnis zu nutzen. In dem langen Zeitraum von rund 45 Jahren sind doch viele Alltagserlebnisse und Routineabläufe auf den U-Booten der Klasse 206 im Langzeitgedächtnis gespeichert worden und haften geblieben. Erfunden wurde nichts!

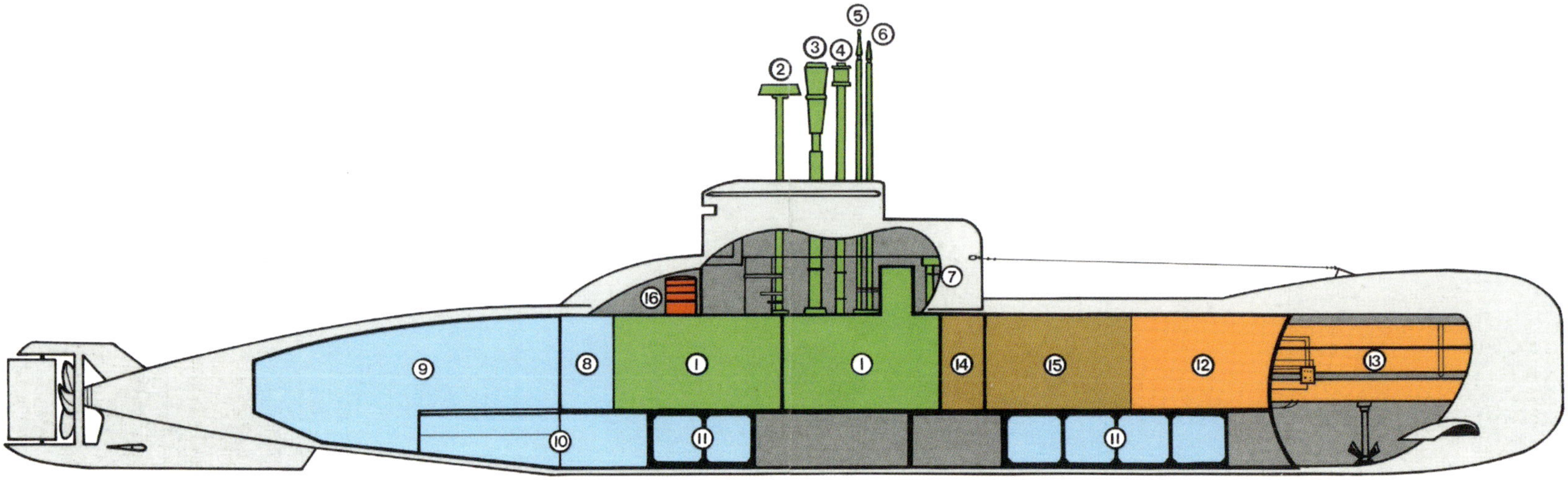

2
3
4
5
6
7
16
9
8
1
1
14
15
12
13
10
11
11

S

Schiffsoperation
Schiffstechnik
Schiffswaffen
Wohnbereich

① Operationszentrale
② Radargerät
③ Schnorchel und Navigationssehrohr
④ Stabantenne
⑤ Angriffssehrohr
⑥ UHF-Antenne
⑦ Aktives Horchgerät

⑧ Schiffstechnische Zentrale
⑨ Motorenraum
⑩ Kraftstofftanks
⑪ Batterieräume

⑫ Torpedoraum
⑬ Torpedorohre

⑭ Kombüse
⑮ Wohnbereich

⑯ Rettungsinsel

Die Verteidigung der deutschen Küsten und der Ostseezugänge erfordert eine tiefgestaffelte Abwehr mit unterschiedlich wirkenden Waffensystemen.

Die Abwehr muß schon in den Bereitstellungs- und Anmarschräumen des Gegners in der östlichen Ostsee beginnen. So wird sichergestellt, daß trotz der relativ kurzen Entfernungen und Anmarschzeiten ein Gegner rechtzeitig und anhaltend bekämpft werden kann.

Die Uboote der Marine wurden beschafft, um diese Aufgaben in der Ostsee trotz gegnerischer See- und Luftherrschaft erfüllen zu können.

Die Boote zeichnen sich durch kleine Bootskörper, amagnetische Bauweise, Geräuscharmut, lange Tauchzeiten und große Waffenreichweite aus.

Damit sind sie auf die besonderen Einsatzbedingungen in der östlichen Ostsee zugeschnitten und können gegen Gebiete mit starkem Seeverkehr auch in küstennahen und flachen Gewässern operieren.

Die Besatzung besteht ausschließlich aus Offizieren und Unteroffizieren. Kommandant ist ein Korvettenkapitän oder Kapitänleutnant. Er trägt die Verantwortung für Boot und Besatzung.

Den Hauptabschnitt Schiffsoperation leitet der Bootsoperationsoffizier. Er berät den Kommandanten. Ihm helfen der Navigationsbootsmann und der -maat, die den Standort des Bootes bestimmen, eingehende Informationen auf einem Lagetisch (Plot) übersichtlich zusammenstellen und daraus rechnerische Werte für den Waffeneinsatz liefern. Je zwei Bootsmänner und Maate der Unterwasserwaffen-Elektronik und der Unterwasserortung und -waffenleitung bedienen die Sensoren. Die ermittelten Daten werden vom Bootswaffenoffizier in die Feuerleitanlage eingegeben. Alle gemeinsam bilden das sogenannte Attack-Team.

Der Hauptabschnitt Schiffstechnik besteht aus den Abschnitten Diesel, Technische Zentrale und Elektrotechnik. Leiter ist der Schiffstechnische Offizier. Das Technische Personal sorgt für den Vortrieb des Bootes, die Steuerfähigkeit, die Zusammensetzung der Atemluft und die Stromversorgung. Der Motorenbootsmann und zwei Maate bedienen die Dieselmotoren bei Überwasserfahrt und im Schnorchelbetrieb. Bei Unterwasserfahrt gleichen sie das Bootsgewicht dem spezifischen Gewicht des Wassers an, damit das Boot auf der befohlenen Tiefe bleibt. Der Elektrotechnikbootsmann ist für die Stromversorgung verantwortlich. Zu seinem Bereich gehören der Fahrmotor, die Batterien sowie die Elektroschalttafeln.

Technische Daten

Besatzung: 22 Mann	Antriebsanlage: 1 800 PS (dieselelektrisch)
Länge: 48,0 m	Bewaffnung: Torpedorohre,
Breite: 4,6 m	Wurfanlage für Seeminen
Tiefgang: 4,0 m	Stückpreis: 47 Mio DM
Einsatzverdrängung: 450 t	Deutsche Entwicklung
Geschwindigkeit: 17 kn	

Stückzahl in der Bundeswehr: 18

Herausgeber: Bundesministerium der Verteidigung, Informations- und Pressestab, Referat 3, Postfach 1328, 5300 Bonn 1 · 7206 0981 100 · Illustration: Günther Todt, Hamburg · Druck: Wullenwever-Druck, Lübeck

Stand 1981

Abschnitt 9.7 Technische Daten, Baudaten und Verbleib

1 Technische Daten der »U 13«-Klasse / Klasse 206 / 206A

Anzahl	18
Typbezeichnung	Klasse 206 / 206A
Bauwerften	Howaldtswerke Deutsche Werft, Kiel, Rheinstahl-Nordseewerke, Emden
Verdrängung ↑/↓	498 t / 568 t, nach anderer Quelle: 456 / 500 t
Länge x Breite x Tiefgang	48,62 x 4,59 x 4,30 m
Tauchtiefe	100 m
Besatzungsstärke	22 / 27
Antrieb	2 x Dieselmotor, 1 x Elektro-Fahrmotor
Antriebsleistung	2 x 600 PS, 1 x 1103 kW
Wellen / Ruder	1 / 1
Geschwindigkeit ↑/↓	11 kn / 17 kn
Schnorchelgeschwindigkeit	9 kn
Fahrstrecke ↑/↓	4500 sm bei 6 kn / 280 sm bei 4 kn
Torpedorohre	8 x 533 mm
Torpedos	Klasse 206: 16 x DM 3 oder 8 x DM 2A1 oder im Mix, Klasse 206A: 8 x DM 2A3
Minen	Minengürtel mit 2 x 12 Minen
Elektronik	Klasse 206: Radar, Sonar, Gruppenhorchanlage, Waffenleitanlage, Navigations- und Fernmeldeanlagen Klasse 206A: automatisierter Navigationskoppeltisch, Radar, Sonar, Integriertes Sonar-, Lage- und Waffeneinsatzsystem, Navigations- und Fernmeldeanlagen, Trainingssimulator
Ausfahrgeräte	Sehrohr, Schnorchel, Radar- und Funkantennen

Die U-Boote »U 16« und »U 18« im September 2019 als Auflieger im Arsenalhafen von Kiel. Sie dienten den an Kolumbien abgegeben U-Booten »U 23« und »U 24« als Ersatzteillager und wurden 2022 verkauft und abgewrackt. (Foto: Hans Karr)

2 Baudaten der »U 13«-Klasse / Klasse 206 / 206A

Boots-Name	Bord-Nr.	Bauwerft	Kiellegung	Stapellauf	In Dienst	Beginn Umbau	Ende Umbau	Umbau-werft	Außer Dienst
»U 13«	S 192	HDW	15.11.69	28.09.71	19.04.73				23.09.97
»U 14«	S 193	RNSW	01.03.70	01.02.72	19.04.73				23.09.97
»U 15«	S 194	HDW	01.06.70	15.06.72	17.07.74	17.11.89	08/91	TNSW	14.12.10
»U 16«	S 195	RNSW	01.11.70	29.08.72	09.11.73	14.03.88	11/89	HDW	31.03.11
»U 17«	S 196	HDW	01.10.70	10.10.72	28.11.73	18.09.89	05/91	HDW	14.12.10
»U 18«	S 197	RNSW	01.04.71	31.10.72	19.12.73	09.04.90	12/91	HDW	31.03.11
»U 19«	S 198	HDW	05.01.71	15.12.72	09.11.73				03.06.98
»U 20«	S 199	RNSW	03.09.71	16.01.73	24.05.74				26.09.96
»U 21«	S 170	HDW	15.04.71	09.03.73	16.08.74				03.06.98
»U 22«	S 171	RNSW	18.11.71	27.03.73	26.07.74	09.01.89	09/90	TNSW	18.12.08
»U 23«	S 172	RNSW	05.03.73	25.05.74	02.05.75	10.08.87	09/89	TNSW	31.03.11
»U 24«	S 173	RNSW	20.03.72	26.06.73	16.10.74	10.07.89	03/91	TNSW	31.03.11
»U 25«	S 174	HDW	01.07.71	23.05.73	14.06.74	29.08.88	06/90	HDW	31.01.08
»U 26«	S 175	RNSW	14.07.72	20.11.73	13.03.75	02.07.90	02/92	TNSW	09.11.05
»U 27«	S 176	HDW	01.10.71	21.08.73	16.10.74				13.06.96
»U 28«	S 177	RNSW	04.10.72	22.01.74	18.12.74	17.04.89	12/90	HDW	30.06.04
»U 29«	S 178	HDW	10.01.72	05.11.73	27.11.74	01.06.87	07/89	HDW	20.12.06
»U 30«	S 179	RNSW	05.12.72	04.04.74	13.03.75	30.05.88	01/90	TNSW	28.02.07
HDW = Howaldtswerke Deutsche Werft, Kiel, RNSW = Rheinstahl-Nordseewerke, Emden, TNSW = Thyssen Nordseewerke, Emden									

Das U-Boot »U 25« hatte mehreren Ansprengtests gedient und ist auf dieser Abbildung vom Mai 2016 als Auflieger im Arsenalgelände von Kiel zu sehen. (Foto: Hans Karr)

3 Verbleib der 18 U-Boote der »U 13«-Klasse / Klasse 206 / 206A

Nach ihren Außerdienststellungen wurden die U-Boote in der Regel als Auflieger in das Marinearsenal nach Wilhelmshaven verholt, verblieben aber auch zum Teil im Arsenalhafen von Kiel. Anfangs dienten die aufgelegten Boote als Ersatzteillager für die noch im Dienst befindliche Einheiten. Andererseits begannen aber auch schon mit dem Ziel der Verschrottung die Verkaufsbemühungen über die VEBEG, der bundeseigenen Treuhandgesellschaft zur Verwertung von Eigentum des Bundes und anderer öffentlicher Auftraggeber. Der Name VEBEG stand ursprünglich für Verwertungsgesellschaft für besatzungseigene Güter.

Hierzu mussten die U-Boote aber vor ihrer Abgabe demilitarisiert werden, was wiederum mit einer »Feststellungsbescheinigung für die Unbrauchbarmachung« nachzuweisen war. Auf ihrer Internetseite erklärte die Deutsche Marine diesen Vorgang am Beispiel von »U 17« wie folgt:

»Da das U-Boot als Kriegswaffe eingestuft ist, ist es zwingend erforderlich es zu demilitarisieren. Dabei werden bestimmte militärische Komponenten technisch so verändert, dass diese nicht mehr bestimmungsgemäß verwendet werden können und diese Veränderung auch nicht unter Hinzuziehung von allgemein gebräuchlichen Werkzeugen rückgängig gemacht werden kann. (...) Um den bestimmungsgemäßen Gebrauch von ex »U 17« unmöglich zu machen, wurden bereits vor Abschluss des Leihvertrages (siehe am Schluss des Beitrages) eine Reihe von Arbeiten durchgeführt. Unter anderem wurde die Waffentechnik entfernt beziehungsweise unbrauchbar gemacht und die Tauchzellen werden mit Löchern versehen, um diese nicht mehr bestimmungsgemäß verwenden zu können. Weiterhin wurden die Spanten, die den Rumpf verstärken, im Rahmen der Demilitarisierung gebrochen. (...) In einem U-Boot sind für Notfälle Rettungssysteme integriert. Aus diesen Systemen wurde ein Stoff mit der Bezeichnung Hydrazin, der ein schnelles Auftauchen in einer Notfallsituation ermöglicht, entfernt. Auch in der Löschanlage war mit Halon ein als Gefahrgut eingestufter Stoff enthalten, der, wie auch das in der Klimaanlage enthaltene Kältemittel, ebenfalls entfernt wurde.«

Vier der ehemals 18 U-Boote der Klassen 206 / 206A hatten nach ihrer Außerdienststellung eine etwas abweichenderen Lebenslauf als oben aufgezeigt:

- »U 23« und »U 24« gingen einsatzfähig an die kolumbianische Marine und sind damit die letzten noch aktiven U-Boote der Klasse 206A
- »U 17« wurde nach langer Zeit als Auflieger in Wilhelmshaven Museums-U-Boot im Technik Museum Sinsheim
- »U 25« wurde zunächst zu Erprobungszwecken angesprengt und dann ebenfalls verkauft und verschrottet

Den Verbleib von den U-Booten der Klasse 206 / 206A wird in der nachfolgenden Auflistung aufgezeigt, wobei das U-Boot »U 17« in einem eigenen Abschnitt dargestellt wird.

U-Boot »U 13«

Außerdienststellung am 23. September 1997, nach anderer Quelle am 26. März 1997
Obwohl das Boot im November 1997 schon übergeben, die indonesische Flagge schon gesetzt, das Boot auf »Nagarangsang« umbenannt und die Besatzung schon geschult war, wurde der geplante Verkauf von Indonesien wieder annulliert und rückgängig gemacht / anschließend Abbruch

(Foto: Hans Karr)

U-Boot »U 14«

Außerdienststellung am 23. September 1997, nach anderer Quelle am 26. März 1997
Obwohl das Boot im November 1997 schon übergeben, die indonesische Flagge schon gesetzt, das Boot auf »Nagabanda« umbenannt und die Besatzung schon geschult war, wurde der geplante Verkauf von Indonesien wieder annulliert und rückgängig gemacht / anschließend Abbruch

(Foto: Hans Karr)

U-Boot »U 15«
Außerdienststellung am 14. Dezember 2010
Auflieger / »U 15« stand neben »U 17« für die Verwendung als Museums-U-Boot im Technik Museum Sinsheim zur Auswahl / Ende Juni 2021 nach Kiel geschleppt / da die Entscheidung für das Museum-U-Boot zugunsten »U 17« ausgegangen war ab Sommer 2023 verschrottet

(Foto: Deutsche Marine)

U-Boot »U 16«
Außerdienststellung am 31. März 2011
Auflieger / zunächst Ersatzteillager für die an Kolumbien verkauften U-Boote »U 23« und »U 24« / 2022 verkauft und abgewrackt

(Foto: Deutsche Marine)

U-Boot »U 17«
Text und Bilder siehe Teil 2 Kapitel 1 – Der Transport übers Wasser von Kiel nach Speyer.

U-Boot »U 18«
Außerdienststellung am 31. März 2011
Auflieger / zunächst Ersatzteillager für die an Kolumbien verkauften U-Boote »U 23« und »U 24« / 2022 verkauft und abgewrackt

(Foto: Deutsche Marine)

U-Boot »U 19«
Außerdienststellung am 3. Juni 1998
Die ursprünglich einmal geplante Übernahme durch Indonesien ist nicht erfolgt / Auflieger / im Herbst 2001 in den Niederlanden abgebrochen

(Foto: Hans Karr)

U-Boot »U 20«
Außerdienststellung am 26. September 1996
Die ursprünglich einmal geplante Übernahme durch Indonesien ist nicht erfolgt / Auflieger / 2001 in Emden verschrottet / der Turmaufbau ist in Stockach am Bodensee im Skulpturenpark aufgestellt

(Foto: Deutsche Marine)

U-Boot »U 21«
Außerdienststellung am 3. Juni 1998
Von den Howaldtswerken erworben zwecks Aufstellung auf dem Werftgelände, was jedoch nicht umgesetzt werden konnte / an die Stadt Eckernförde mit der Auflage das Boot als Museums-U-Boot aufzustellen verschenkt / die Aufstellung als Museums-U-Boot konnte dort ebenfalls nicht realisiert werden / nach Verkauf 2005 in den Niederlanden abgewrackt

(Foto: Deutsche Marine)

U-Boot »U 22«
Außerdienststellung am 18. Dezember 2008
Auflieger / 2012 in die Türkei zum Verschrotten verkauft

(Foto: Hans Karr)

U-Boot »U 23«
Außerdienststellung am 31. März 2011
Am 28. August 2012 stellte die Kolumbianische Marine das übernommene U-Boot als »Intrepido« in Dienst / bei thyssenkrupp Marine Systems (tkMS, ehemals Howaldtswerke) in Kiel überholt und tropentauglich gemacht / im November 2015 als Decksladung nach Kolumbien verschifft / in Kolumbien wird das Boot zur Bekämpfung des Drogenschmuggels eingesetzt

(Foto: Deutsche Marine)

U-Boot »U 24«
Außerdienststellung am 31. März 2011
Am 28. August 2012 stellte die Kolumbianische Marine das übernommene Boot als »Indomable« in Dienst / bei thyssenkrupp Marine Systems (tkMS, ehemals Howaldtswerke) in Kiel überholt und tropentauglich gemacht / im November 2015 als Decksladung nach Kolumbien verschifft / in Kolumbien wird das Boot zur Bekämpfung des Drogenschmuggels eingesetzt

(Foto: Deutsche Marine)

U-Boot »U 25«
Außerdienststellung am 31. Januar 2008
Ende 2011 wurde »U 25« im getauchten Zustand für eine Serie von Unterwassersprengtests genutzt. Da die Sprengungen unter realistischen Bedingungen erfolgen sollten, musste das Boot ohne Personal tauchen und wieder auftauchen können. Dafür entwickelte die Wehrtechnische Dienststelle für Schiffe und Marinewaffen, Maritime Technologie und Forschung (WTD 71) eine externe und ferngelenkte Pumpensteuerung mit der die Tauch- und Trimmzellen des Bootes angesteuert werden konnten. Nach den Sprengtests verblieb »U 25« zunächst als Auflieger (siehe Abbildung im Abschnitt 2) im Marinearsenal von Kiel. Mitte Juni 2021 wurde das nach den Versuchen nicht mehr schwimmfähige Boot auf einem Leichter zur Verschrottung nach Frederikshavn in Dänemark geschleppt.

(Foto: Deutsche Marine)

U-Boot »U 26«
Außerdienststellung am 9. November 2005
Auflieger / 2010 in den Niederlanden verschrottet

(Foto: Deutsche Marine)

U-Boot »U 27«
Außerdienststellung am 13. Juni 1996
Auflieger / 2000 verschrottet

(Foto: Hans Karr)

U-Boot »U 28«
Außerdienststellung am 30. Juni 2004
Auflieger / 2010 in den Niederlanden verschrottet

(Foto: Howaldtswerke)

U-Boot »U 29«
Außerdienststellung am 20. Dezember 2006
Auflieger / in die Türkei zum Verschrotten verkauft

(Foto: Deutsche Marine)

U-Boot »U 30«
Außerdienststellung am 28. Februar 2007
Auflieger / Abbruch

(Foto: Deutsche Marine)

Abschnitt 9.8 Unterstützungseinheiten

U-Boote sind von der Einsatzkonzeption und den ihnen zugedachten Aufgaben her Einzelfahrer. Ist beim Ablegen die letzte Leine eingeholt und hat das Boot den Molenkopf auslaufend passiert, so sind Kommandant und Besatzung ab jetzt auf sich alleine gestellt. Alles was für die Seefahrt gebraucht wird – Lebensmittel, Verbrauchsgüter, Frischwasser, Kraftstoff - ist eingelagert bzw. gebunkert. Mit den Vorgaben des Einsatzbefehls und in Abhängigkeit von der Wetterlage muss nun der Kommandant seinen Auftrag ausführen und das Boot operativ und taktisch einsetzen und führen.

Nicht umsonst ist, wie im Abschnitt »Organisation, Ausbildung, Manöver und Einsätze« ausgeführt, der Weg zum U-Bootkommandanten etwas länger als zum Beispiel bei den Schnellbooten oder den Minensuchbooten, die üblicherweise unter der Führung eines Kommandeurs im Geschwaderverband operieren.

Neben den bootstypischen Einzelfahrten im Rahmen von Manövern oder Sondereinsätzen gibt es aber auch Einsätze bei denen die U-Boote im Verband eingesetzt werden. Als Beispiele wären hier zu nennen die von dänischen und norwegischen Marinestützpunkten aus durchgeführten Torpedoschießabschnitte (TSA) im Skagerrak oder die sogenannten Ausbildungsfahrten in außerheimische Gewässer (AAG) bei denen neben den Übungsabschnitten auch ausländische Häfen angelaufen werden.

Als Einzelfahrer wäre hier ein U-Boot in der Regel logistisch überfordert. Deshalb stehen bei solchen Großübungen den U-Booten Hilfs- und Unterstützungseinheiten zur Seite. Diese haben die Aufgabe die U-Boote logistisch zu unterstützen und bei den Übungsabschnitten in See als Sicherheitsfahrzeuge bereit zu stehen sowie bei den TSA als Zielschiffe zu dienen.

Hier sind in erster Linie die militärisch besetzten U-Boottender gemeint. Aber auch die zivilbesetzten Bergungsschlepper und Hochseeschlepper sind unverzichtbare Begleitschiffe, die überwiegend als Sicherungsfahrzeuge zum Einsatz kommen. Sie können aber mit ihrer auf Notfälle optimierten Ausstattung im Bedarfsfall fast jede anderweitige Hilfe und Unterstützung leisten. Nicht umsonst waren Schlepper zeitweise fest der Ubootflottille zugeordnet. Die bis in die 1990er Jahre im Dienst stehenden Torpedofangboote kamen gelegentlich und in Abhängigkeit von der Wetterlage bei Torpedoschießabschnitten zum Einsatz.

Im Hafenbetrieb waren wiederum die Ladeprähme für die Wartung und Pflege der U-Bootfahrbatterien zuständig und unverzichtbar. Im Druckdock konnten tauchtechnische Überprüfungen vorgenommen werden. Die Hubinsel »Barbara« unterstützte bei TSA als stationäre logistische Basis den Übungsablauf.

Obwohl sie alle selbst keine U-Boote sind, so sollen diese unmittelbar im Zusammenhang mit den U-Booten in Verwendung stehende Fahrzeuge auch in diesem U-Bootbuch Erwähnung finden, denn in manchen Situationen und Lagen galt auch hier der Spruch: »Ohne uns läuft nichts.«

1 U-Boottender »Lahn« und »Lech«

Die beiden U-Boottender »Lahn« und »Lech« der Klasse 403 unterschieden sich im Aussehen wesentlich von der »Rhein«-Klasse. Da U-Boote als Einzelfahrer keinen Verbandsschutz benötigten, hatten diese beiden Tender auch nur eine auf den Eigenschutz ausgerichtete

U-Boottender »Lech«. (Foto: Hans Karr)

Das U-Boot »U 20« ist am Tender »Lech« längsseits gegangen. (Foto: Hans Karr)

U-Boottender »Lahn«. (Foto: Anidaat / CC-BY-SA 4.0)

U-Boottender »Lahn«. (Foto: Deutscher Marinebund)

Bewaffnung. Sie waren mit einem diesel-elektrischen Antrieb ausgestattet. Des Weiteren besaßen sie Anlagen für die Unterwasserkommunikation sowie eine leistungsfähige Sonaranlage. Ihre Aufgabe bestand fast ausschließlich in der logistischen Unterstützung der U-Boote.

Für diese waren sie zugleich Lebensmitteldepot, Lazarett, Krankenstation, umweltfreundlicher Müllentsorger sowie schwimmende Tankstelle und Abnehmer des Druckwassers. Bei Übungen mit U-Booten und bei Fahrten in außerheimischen Gewässern waren auch auf ihnen Teile des Geschwaderstabes, Unterstützungsgruppen und Sanitätspersonal eingeschifft. Sanitärräume zum Duschen, Kojenkapazitäten, Spindraum und Aufenthaltsräume waren auf ihnen baulich vorgehalten und standen den U-Bootbesatzungen während der Hafenaufenthalte zur Verfügung. Weiterhin konnten die U-Boote für die Manöverzeit Ausrüstung und Bedarfsgüter aller Art auf ihnen einlagern.

Insbesondere in den Torpedoschießabschnitten mussten »Lahn« und »Lech« ein umfangreiches Aufgabenspektrum bewältigen. Sie waren in allen Belangen logistischer Abstützpunkt für die teilnehmenden U-Boote und für das Erprobungspersonal, dienten während der Seephasen als Sicherungsschiffe in den Tauchquadraten und fungierten zugleich als Zielschiffe. Weiterhin waren die Tender dafür zuständig die von den U-Booten geschossenen Übungstorpedos zu bergen und zu lagern.

Tender »Lech« war von 1968 bis 1975 vorübergehend außer Dienst und als Auflieger in der Reserveflottille einkokoniert. Danach gehörte er zum 3. Ubootgeschwader in Eckernförde. Tender »Lahn« stand durchgehend beim 1. Ubootgeschwader in Kiel im Einsatz. Nach den Außerdienststellung von »Lech« am 30. Juni 1989 und »Lahn« am 25. April 1991 wurden die Tender verkauft. »Lahn« wurde 1992 in Belgien und »Lech« 1993 in der Türkei abgewrackt.

U-Boottender »Lech« mit längsseits liegenden U-Booten der Klasse 206. (Foto: Hans Karr)

2 U-Boottender »Meersburg«

Die Aufgabe von Versorgungsschiffen ist es für fernab von ihren heimischen Stützpunkten operierenden Flottenverbänden im Rahmen der Einsatzversorgung die Nachführung und Wiederauffüllung der Bestände an Munition, Kraftstoffen, Wasser, Verpflegung, und sonstiger Verbrauchsmaterialien sicherzustellen. Spezielle Ausrüstung und Verfahren gestatten dabei eine Übernahme der Versorgungsgüter während der Fahrt in See (RAS, Replenishment at Sea).

Die ursprünglich eigentlich als Bootsversorger konzipierte »Lüneburg«-Klasse musste angewachsenen logistischen Forderungen angepasst werden. Waren sie zunächst für alle schwimmenden Einheiten der Bundesmarine zuständig, erfolgte gegen Ende der 1970er Jahre eine Art Spezialisierung. Mit der Einführung von Flugkörpern auf Zerstörern, Fregatten und Schnellbooten war auch deren Unterbringung an Bord der Versorger notwendig geworden, was auf Grund der räumlichen Verhältnisse nur durch einen Umbau ermöglicht werden konnte. Erfolgt ist dieser 1974 bis 1978 bei den Einheiten »Coburg«, »Glücksburg«, »Saarburg« und »Meeresburg«. Im Rahmen der Maßnahme wurden die Schiffe durch Einfügen einer 10 Meter langen Sektion im Mittelschiff zwischen Schornstein und drittem Mast verlängert. Die Verdrängung stieg dabei um 200 Tonnen. Die Schiffe wurden dann entsprechend ihres Umbaus mit der Unterstützung und Versorgung von fest zugeteilten Geschwadern eingesetzt. Davon unabhängig blieb die flexible Versorgung mit allgemeinen Verbrauchsgütern und Proviant für alle Einheiten der Bundesmarine erhalten.

Die »Meersburg« musste sich dann nochmals einer weiteren Umrüstung zum U-Boottender unterziehen. Sie wechselte danach am 8. Januar 1990 zum 1. Ubootgeschwader, um den dort für die Außerdienststellung vorgesehenen Tender »Lahn« zu ersetzen. Die »Meersburg« wurde am 22. Dezember 2004 ebenfalls außer Dienst gestellt und 2008 zum Abbruch in die Türkei verkauft.

Der U-Boottender »Meersburg« ist hier noch als ehemaliger Versorger der Schnellboote zu sehen. (Fotos: Hans Karr)

U-Boottender »Main«. (Foto: Hans Karr)

3 U-Boottender »Main«

Die Bundesmarine ging Ende der 1980er Jahre mit Nachdruck daran, die vorhandenen Tender der »Rhein«-Klasse durch neue Schiffe zu ersetzen. Die mittlerweile fast 30 Jahren alten Einheiten wurden zwar mehrfach in der Aufgabenstellung angepasst, waren aber vom waffen- und betriebstechnischen Zustand her überaltert, hatten mit über 100 Mann eine viel zu große Besatzung und waren in den Unterhaltungskosten zu teuer geworden.

Bei den sechs neuen Tendern der »Elbe«-Klasse verzichtete man aus Kostengründen auf eine Bewaffnung und baute die Schiffe weitestgehend nach Handelsschiffstandard. Ihr Einsatzschwerpunkt liegt im logistischen und unterstützenden Bereich. Kampfaufgaben wie sie ihre Vorgänger zu erfüllen hatten, waren nicht mehr vorgesehen.

Der stählerne Schiffskörper ist in elf Abteilungen unterteilt. Die vorderen Abteilungen werden für die Lagerung von Munition und Ausrüstung genutzt. In den hinteren Abteilungen sind die Antriebsanlage und die Proviantlagerräume untergebracht. Der Doppelboden und die seitlich vorhandenen Hochtanks nehmen die flüssigen Ver- und Entsorgungsgüter auf. In den kurzen hohen Aufbauten im letzten Schiffsdrittel sind Wohnräume sowie der Funkraum und die Brücke untergebracht. Auf den Tendern ist ausreichende Unterbringungskapazität für einzuschiffendes Personal.

Der U-Boottender »Main« mit einem Hubschrauber SEA KING an Bord. (Foto: Hans Karr)

Im Hinblick auf die seit der Jahrtausendwende neuen Einsatzszenarien und der Einsatz in Krisenregionen erhielten die Schiffe zunächst zwei 20-mm-Geschütze auf der Back eingerüstet. Später wurden diese durch das Marineleichtgeschütz MLG 27 ausgetauscht. Des Weiteren sind Fliegerfaustständе vorhanden.

Die elektronische Ausrüstung besteht aus Radaranlagen sowie Navigations- und Fernmeldeanlagen. Die Tender sind mittlerweile auch so ausgerüstet, dass sie Funktionen als Führungsplattform wahrnehmen können.

Hinter den Aufbauten besitzt die rund 3200 Tonnen verdrängende »Elbe«-Klasse ein Hubschrauberlandedeck, das für einen 10-t-Hubschrauber ausgelegt ist. Vor den Aufbauten ist an Oberdeck die Abstellmöglichkeit von bis zu 24 Containern vorhanden.

Im Mai 2005 kam der Tender »Main« als Ersatz für den U-Boottender »Meersburg« in das 1. Ubootgeschwader und ist seither diesem Verband als U-Boottender zugeordnet. Für diesen neuen Einsatzzweck wurde das Schiff für die speziellen Belange der U-Boote umgebaut und ausgerüstet. Es ist noch anzumerken, dass die »Main« von der Marine auch zu anderen nicht U-Boot spezifischen Unterstützungseinsätzen herangezogen wird.

4 Bergungsschlepper »Fehmarn«

Die Bergungsschlepper »Helgoland« und »Fehmarn« wurden als Mehrzweckhilfsschiffe in Dienst gestellt. Der vorgesehene Verwendungszweck war der Sicherungs-, Bergungs- und Rettungseinsatz sowie vielfältige Unterstützungs- und Ausbildungsaufgaben. Anfangs war auf der Back im einkokonierten Zustand ein 40-mm-Zwillingsgeschütz eingerüstet. Neben einer umfangreichen Berge- und Rettungsausrüstung gehören ein Sonargerät zur Wracksuche, Taucherdruckkammer, ein 8-t-Ladebaum und zwei Feuerlöschkanonen zur Ausrüstung der beiden diesel-elektrisch angetriebenen Schlepper.

Während die »Helgoland« 1997 ausgemustert und von der uruguayischen Marine als »Oyarvide« übernommen wurde, ist die »Fehmarn« weiterhin im Einsatz bei der Deutschen Marine. Sie wird unter anderem als Bergefahrzeug für Übungsminen und als Tauchereinsatzplattform genutzt. Für den Notfall steht sie bereit zum Bergen von Seefahrzeugen und zur Hilfeleistung in See. Der größte und schnellste Schlepper der Deutschen Marine war in der Vergangenheit der Ubootflottille zeitweilig als Unterstützungseinheit fest zugewiesen. Das mittlerweile seit 67 Jahren am längsten im Dienst von deutschen Seestreitkräften stehende Schiff wird kurz bis mittelfristig in der weiteren Verwendungsplanung der Deutschen Marine gestrichen werden und seine Flagge einholen müssen.

Bergungsschlepper »Fehmarn«. (Foto: Hans Karr)

Der Bergungsschlepper »Fehmarn« hat im Kieler Marinestützpunkt festgemacht. (Foto: Hans Karr)

Der Bergungsschlepper »Fehmarn« und der Seeschlepper »Spiekeroog« haben im Päckchen im Marinestützpunkt Kiel festgemacht. Die beiden Schiffe gehören zu den am längsten in Dienst stehenden Einheiten der Deutschen Marine. (Foto: Hans Karr)

5 Seeschlepper »Spiekeroog«

Hauptaufgabe des Seeschleppers »Wangerooge« und seiner fünf Schwesterschiffe war das Schleppen und Bergen von Seefahrzeugen sowie die Hilfeleistung in See. Die Schiffe verfügten über umfangreiches Bergungsgerät und einen 5-t-Ladebaum. In den Anfangsjahren war auf der Back ein 40-mm-Geschütz eingerüstet, das aber zumeist einkokoniert war. Im Laufe ihres Marinelebens wurden die diesel-elektrisch angetriebenen Schlepper zu vielfältigen Unterstützungs- und Ausbildungsaufgaben herangezogen und dafür teilweise speziell umgebaut, nachgerüstet und umklassifiziert. So kamen sie neben ihrem ursprünglich zugedachten Verwendungszweck auch zum Einsatz als Ausbildungsschiff beim Open Sea Survival Training der Marineflieger (»Wangerooge«), als Sicherungsboot für U-Boote (»Spiekeroog«), als Minenwurf- und Lichtboot sowie als Schulboot (»Langeoog«) und als Taucherschulboot (»Baltrum«, »Juist«). »Norderney« ging Ende 2002 als erste Einheit des Sextetts außer Dienst und fährt heute als »Maldonado« in der uruguayischen Marine. Bis auf »Wangerooge« und »Spiekeroog« sind mittlerweile alle Einheiten außer Dienst. Auch diese beiden haben das Ende ihrer Nutzungsdauer erreicht und stehen nach nunmehr jeweils 66 Dienstjahren ebenfalls vor der Außerdienststellung. Zeitweise wurde die »Spiekeroog« für Sicherungsaufgaben zum 1. und 3. Ubootgeschwader abgestellt und war damit der Ubootflottille fest als Unterstützungsschiff zugewiesen.

Seeschlepper »Spiekeroog«. (Foto: Hans Karr)

Seeschlepper »Spiekeroog«. (Fotos: Hans Karr)

Das einzige noch erhalten gebliebene Torpedofangboot »TF 5« liegt in Leer / Ostfriesland als Museumsschiff. (Foto: Hans Karr)

6 Torpedofangboote

Die insgesamt neun Torpedofangboote der Klasse 430 wurden Mitte der 1960er Jahren in Dienst gestellt. Es sind Holzbauten aus Mahagoni, die damals vom Kommando für Truppenversuche und der Wehrtechnischen Dienststelle in Eckernförde eingesetzt wurden. Die Hauptaufgabe der Einheiten war das Bergen von Übungstorpedos. Zur Ortung von in Verlust geratenen Torpedos verfügten die TF-Boote über eine Echolotanlage. Eine Besonderheit an diesem Bootstyp ist, dass sich der Heckspiegel hydraulisch abklappen lässt. Mit einer Winde können dann die im Wasser treibenden Übungstorpedos an Bord gezogen werden. An Bord war Platz zur Lagerung von insgesamt vier Torpedos. Gelegentlich kamen die Boote auch im Rahmen von Torpedoschießabschnitten der Ubootflottile zum Einsatz. Anfang der 1990er Jahre gingen die Torpedofangboote bis auf »TF 5« alle außer Dienst. Es folgten zum einen Abgaben an die griechische und türkische Marine und zum anderen wurden auch einige Einheiten verschrottet. »TF 5« stellte als letztes Boot am 15. Juli 2008 außer Dienst und liegt jetzt in Leer / Ostfriesland als Museumsschiff.

Der Ladeprahm »LP 2« mit dem längsseits liegenden U-Boot »U 9«. Im Hintergrund ist das Vorschiff des Tenders »Lahn« zu erkennen. (Foto: Deutscher Marinebund)

Ladeprahm »LP 3«. (Foto: Deutscher Marinebund)

7 Ladeprähme der »LP 1«-Klasse

Für Ladung der U-Bootbatterien im Rahmen der Batteriepflege und der Batteriewartung vergab im Jahre 1962 die Bundesmarine den Auftrag zum Bau zweier schwimmender Ladestationen, die die Typbezeichnung Batterieladeprahm Klasse 718 erhielten. Je eine Einheit wurde bei der Jadewerft in Wilhelmshaven und der Oelkers Werft in Hamburg beauftragt. Als »LP 1« und »LP 2« stellten die beiden pontonartigen, als Schwimmendes Gerät eingestuften Fahrzeuge am 18. Februar 1964 und 17. April 1964 beim Marinestützpunktkommando in Kiel in Dienst. Im Jahre 1973 erfolgte bei der Wilhelmshavener Jadewerft die Beauftragung von »LP 3«, der am 12. September 1974 beim Marinestützpunktkommando Kiel Außenstelle Eckernförde in Dienst stellte.

Der stählerne nahezu rechteckig gestaltete und in fünf Abteilungen unterteilte Rumpf der Ladeprähme hatte eine Länge von 25,50 Meter und eine Breite von 7,02 Meter sowie einen Tiefgang von 1,48 Meter. Vermessen waren die Fahrzeuge mit 192 Tonnen Verdrängung. »LP 3« hatte geringfügige Änderungen bei den Abmessungen 27,05 x 7,45 x 1,71 Meter und damit eine Verdrängung von 223 Tonnen.

Drei Mercedes-Benz Dieselmotoren mit jeweils 600 PS Leistung waren für den Batterieladebetrieb mit je einem Ladegenerator von 405 kW kuppelbar. Jeweils einer der Dieselmotoren konnte bei Bedarf für Verlegungen und zum Manövrieren als Eigenantrieb auf die Welle geschaltet werden. Damit erreichten die Fahrzeuge eine Geschwindigkeit von 8 Knoten. Ein zusätzlicher Dieselgenerator von 196 PS diente der Stromerzeugung für das Bordnetz.

An weiterer Ausrüstung sind zu erwähnen: zwei Buganker, eine Kort-Ruderdüse für den Propeller, zwei Ladebäume für die Übergabe der Anschlusskabel und eine Rettungsinsel.

Die Ladeprähme wurden in den Marinestützpunkten Kiel und Eckernförde stationär eingesetzt. Sie waren mit sechs Mann Zivilpersonal besetzt. Die Außerdienststellungen erfolgten 1999 für »LP 2«, am 19. Dezember 2001 für »LP 1« und am 30. September 2005 für »LP 3«.

8 Druckdock

Aus Sicherheitsgründen sind für U-Boote routinemäßig Druck- und Dichtigkeitserprobungen erforderlich. Nach Zulauf der ersten U-Boote führte die Bundesmarine diese Kontrolluntersuchungen zunächst in norwegischen Gewässern durch, wo in den Fjorden die entsprechend großen Wassertiefen vorhanden sind. Allerdings war dieses Verfahren sehr teuer und zeitaufwendig. Die U-Boote brauchten zum einen allein schon mehrere Tage für An- und Rückmarsch und zum anderen war die Assistenz von zivilen Hebefahrzeugen und Kranschiffen für das Absenken der U-Boote notwendig. Zudem bestand in einem Not- oder Schadensfall für das an den Hebetrossen hängende U-Boot ein hohes Risiko.

So fiel dann auch schon Mitte der 1960er Jahre der Entschluss für diese Sicherheitsüberprüfungen ein spezielles Druckdock zu bauen. Die Flender Werke in Lübeck erhielten den Auftrag und lieferten im September 1967 das Schwimmdock mit röhrenförmigen Druckkörper, offiziell als »Dock C« bezeichnet, ab. Es ist das dritte in der deutschen Marinegeschichte. Auch die Kaiserliche Marine und die Kriegsmarine hatten ein solches Spezialdock in ihrem Bestand.

Das Marinearsenal in Kiel wurde Betreiber des 5000 Tonnen - nach anderer Quelle 4700 Tonnen - schweren Druckdocks, das die Abmessungen von 93,00 Meter Länge und 26,50 Meter Breite aufwies. Der eigent-

Das Druckdock an seinem ständigen Liegeplatz im Marinearsenal in Kiel. (Foto: Hans Karr)

Das U-Boot »U 18« läuft am 17. August 2009 zum 1000. Dockvorgang in das Druckdock ein. (Foto: Deutsche Marine)

liche Druckkörper hatte einen Durchmesser von 12,50 Meter und war 74,40 Meter lang. Die nutzbare Länge betrug ca. 60 Meter. Das Dock konnte auf maximal 11,55 Meter abgesenkt werden.

Nach dem Eindocken des U-Bootes und dem Schließen des schweren Kugeltores wurde das Dock komplett mit Wasser gefüllt und dann mit Pumpen der Wasserdruck in der Röhre nach und nach gesteigert bis die gewünschte »Tauchtiefe« erreicht war. Bei einer Dichtigkeitsprüfung blieb die Besatzung an Bord und prüfte das Boot auf Leckstellen. Sollte eine Festigkeitsprüfung des Druckkörpers durchgeführt werden, ging die Besatzung von Bord und Messgeräte übernahmen die Kontrollfunktionen. Diese Art der Prüfung hatte sich als kostengünstiges und sicheres Verfahren erwiesen. Passierte etwas Unerwartetes, so konnte der Druckausgleich innerhalb von wenigen Sekunden wieder hergestellt werden.

Ein U-Boot wird für die Druckprüfung im Druckdock vertäut und ausgerichtet. (Foto: Deutsche Marine)

Auch die NATO-Partner Dänemark, Norwegen und Polen prüften in dieser NATO weit einmaligen Einrichtung ihre U-Boote. Am 17. August 2009 fand mit »U 18« der 1000. Dockvorgang statt.

Mit der Außerdienststellung der U-Boote der Klasse 206A und dem Zulauf der U-Boote der Klasse 212A wurde das Druckdock arbeitslos. Die neue Bootsklasse ist in ihren Abmessungen zu groß für ein Eindocken. Der zunächst vorgesehene Neubau eines größeren Druckdocks wurde aus Kostengründen wieder verworfen. Im März 2011 erfolgte der letzte Dockvorgang mit dem norwegischen U-Boot »Utstein«, ein Boot der »Ula«-Klasse. Seit 2012 ist das »Dock C« ausgesondert. Es wurde in die Türkei zur Verschrottung verkauft.

9 Hubinsel Barbara

Die Hubinsel »Barbara« war eine Erprobungsplattform der Wehrtechnischen Dienststelle 71 (WTD 71) in Eckernförde. Sie diente der Erprobung von Waffen und Waffenleitsystemen. Namensgebern war die Heilige Barbara, die Schutzpatronin der Artilleristen.

Die Hubinsel wurde 1964 bei den Howaldtswerken in Kiel gebaut und am 26. Juni 1964 an die WTD 71 abgeliefert. Ständiger Liegeplatz war deren Außenstelle in Surendorf an der Eckernförder Bucht. Die zivile Besatzung bestand aus elf Mann.

Die Plattform ist antriebslos und musste bei notwendigen Verlegungen geschleppt werden. Der Schiffskörper hatte eine Länge über alles von

Großes Bild: Die Hubinsel »Barbara« auf ihren Stützbeinen in Arbeitsstellung. (Foto: Deutscher Marinebund)
Eingeklinkt: Die Hubinsel »Barbara« wird an einen neuen Einsatzort geschleppt. (Foto. F. Magnussen / CC-BY-SA 3.0)

62,08 Meter, eine Breite von 24,24 Meter und im Schwimmzustand einen Tiefgang von 3,00 Meter. Sie war mit 3061 BRT vermessen. Zum sicheren Stand gab es acht Stützpfähle. Die zu erprobenden Anlagen konnten auf einer zentralen Plattform montiert werden.

Zur Stromversorgung waren zwei Dieselgeneratoren von jeweils 950 PS und zwei Dieselgeneratoren von jeweils 196 PS an Bord. Weiterhin waren zum Bewegen von Lasten zwei Bordkräne von 12 und 2,5 Tonnen Tragfähigkeit vorhanden. Außerdem standen zwei Beiboote der Besatzung zur Verfügung. Im Jahre 1979 wurde noch eine Hubschrauberplattform installiert.

Die WTD 71 stellte die Hubinsel am 15. Dezember 1995 außer Dienst. Anschließend wurde sie über die VEBEG in die Niederlande verkauft. Nach Stand vom August 2018 soll die »Barbara« unter der Flagge von Curaçao noch registriert sein.

Zu den deutschen U-Bootfahrern gab es eine enge Verbindung zur »Barbara«. Bei den Torpedoschießabschnitten »Grüner Aal« war sie im Marinestützpunkt von Frederikshavn aufgestellt und diente dort als Regel- und Auswertestelle für die Übungstorpedos.

Schiffsname	**»Lahn« / »Lech«**	**»Meersburg«**	**»Main«**	**»Fehmarn«**	**»Spiekeroog«**	**»TF 107«-Kl.**
Schiffstyp	Tender	Tender	Tender	Bergungsschlepper	Seeschlepper	Torpedofangboot
Typbezeichnung	Klasse 403	Klasse 701	Klasse 404	Klasse 720	Klasse 722	Klasse 430
Kiellegung	17.04.61 / 20.07.61	05.08.65	03.08.92	23.04.65	20.11.65	1965
Stapellauf	21.11.61 / 04.05.62	22.03.66	15.06.93	25.11.65	26.09.66	1965
Indienststellung	24.03.64 / 08.12.64	25.06.68	23.06. 94	01.02.67	14.08.68	1966
Bauwerft, Ort	Flender Werke, Lübeck	Flensburger Schiffbaugesellschaft	Flender Werke, Lübeck	Schichau Werft, Bremerhaven	Schichau Werft, Bremerhaven	Burmester, Bremen, Schweers, Bardenflet
Verdrängung	2886 t	3484 t	3170 t	1557 t	1093 t	63,5 t
Länge	98,36 m	104,18 m	100,58 m	67,91 m	51,78 m	25,22 m
Breite	11,83 m	13,20 m	15,40 m	12,43 m	11,77 m	5,40 m
Tiefgang	5,20 m	4,32 m	4,05 m	4,21 m	4,10 m	1,66 m
Besatzungsstärke	114 +	68	40 +	34 (zivil)	31 (zivil)	8 (zivil)
Antrieb	6 x Dieselmotor, 2 x Elektro-Fahrmotor	2 x Dieselmotor	1 x Dieselmotor	4 x Dieselmotor, 2 x Elektro-Fahrmotor	4 x Dieselmotor, 2 x Elektro-Fahrmotor	1 x Dieselmotor
Antriebsleistung	6 x 2280 PS, 2 x 3736 kW	2 x 2800 PS	1 x 3335 PS	4 x 950 PS, 2 x 1214 kW	4 x 600 PS, 2 x 743 kW	1 x 950 PS
Wellen / Ruder	2 / 2	2 / 2	1 / 1	2 / 2	2 / 2	1 / 1
Geschwindigkeit	20 kn	17 kn	15 kn	16	13,5	17 kn
Fahrstrecke	2500 sm bei 12 kn	3200 sm bei 14 kn	2000 sm bei 12 kn	5800 sm bei 16 kn	3800 sm bei 13,5 kn	unbekannt
Rohrwaffen	2 x 40-mm-Zwillingsgeschütz	2 x 40-mm-Geschütz (zeitw.)	2 x 27 mm MLG	1 x 40-mm-Geschütz (zeitw.)	1 x 40-mm-Geschütz (zeitw.)	ohne
Radar	See- u. Luftraumüberwachung, Feuerleitung, Navigation	Navigationsradar	Navigationsradar	Navigationsradar	Navigationsradar	Navigationsradar
Sonar	Rumpfsonar	ohne	ohne	Sonar	Sonar	ohne
Elektronik	Navigations- und Fernmeldeanlagen, Unterwassertelefon	Navigations- und Fernmeldeanlagen	Navigations- und Fernmeldeanlagen	Navigations- und Fernmeldeanlagen	Navigations- und Fernmeldeanlagen	Echolotanlage

Kapitel 10

Die neuen U-Boote der Deutschen Marine

1 U-Boote Klasse 212A – 1. Baulos

Die zur Klasse 206A umgebauten U-Boote waren zunächst technologisch und waffeneinsatzmäßig auf dem aktuellen Stand der U-Bootentwicklung. Parallel lief jedoch auch schon die Planung für ihren Ersatz.

Bereits 1987 wurde die Taktische Forderung U 212 verabschiedet und 1990 waren die endgültigen Spezifikationen erstellt, wobei Schwerortbarkeit, Unterwasserausdauer, Kampfkraft und Eigenschutz die vorgegeben Prioritäten für den Konstruktionsentwurf waren. Die Weiterentwicklung der Ortungstechnik und die zunehmende Zahl von U-Jagdmitteln hatten die Entwicklung einer neuen U-Bootgeneration notwendig gemacht.

Mit den dann in Klasse 212A umbenannten U-Booten wurde ein Quantensprung im konventionellen U-Bootbau erreicht. Durch die Einführung zahlreicher innovativer Technologien erlangt die Bootsklasse außergewöhnliche Fähigkeiten, die für ein konventionelles, das heißt nicht nuklear angetriebenes U-Boot bislang unerreichbar schienen. Die signifikante Neuerung dieser Klasse ist die als Hybrid-System ausgelegte Antriebsanlage. Sie ist die Kombination von Dieselgeneratoranlage und Fahrbatterie mit einer Brennstoffzellenanlage als außenluftunabhängiges Antriebssystem.

Die in amagnetischer Bauweise hergestellten Boote gehören zu den modernsten konventionellen U-Booten der Welt. Ihr Schwerpunkt liegt in den klassischen Bereichen der Unterwasser- und Überwasserseezielbekämpfung sowohl als Einzelfahrer, als auch im Verbund mit maritimen Verbänden. Sie sind für den weltweiten Einsatz konzipiert, jedoch aufgrund ihrer verhältnismäßig geringen Größe, ihrer amagnetischen Bauweise, ihrer geringen Signatur und ihren herausragenden Manövriereigenschaften auch im Küstenvorfeld und in geringer Wassertiefe einsetzbar.

Die U-Boote haben eine Länge von 55,90 Meter, eine Breite von 6,90 Meter und einen Tiefgang von 5,75 Meter. Ihre Tauchtiefe wird mit 300

U-Boot »U 31«. (Foto: Hans Karr)

Die U-Boote »U 31« und »U 32« der Klasse 212A in Eckernförde an der Pier. (Foto: Hans Karr)

Das U-Boot »U 32« bei einem Werftaufenthalt in Kiel. (Foto: Hans Karr)

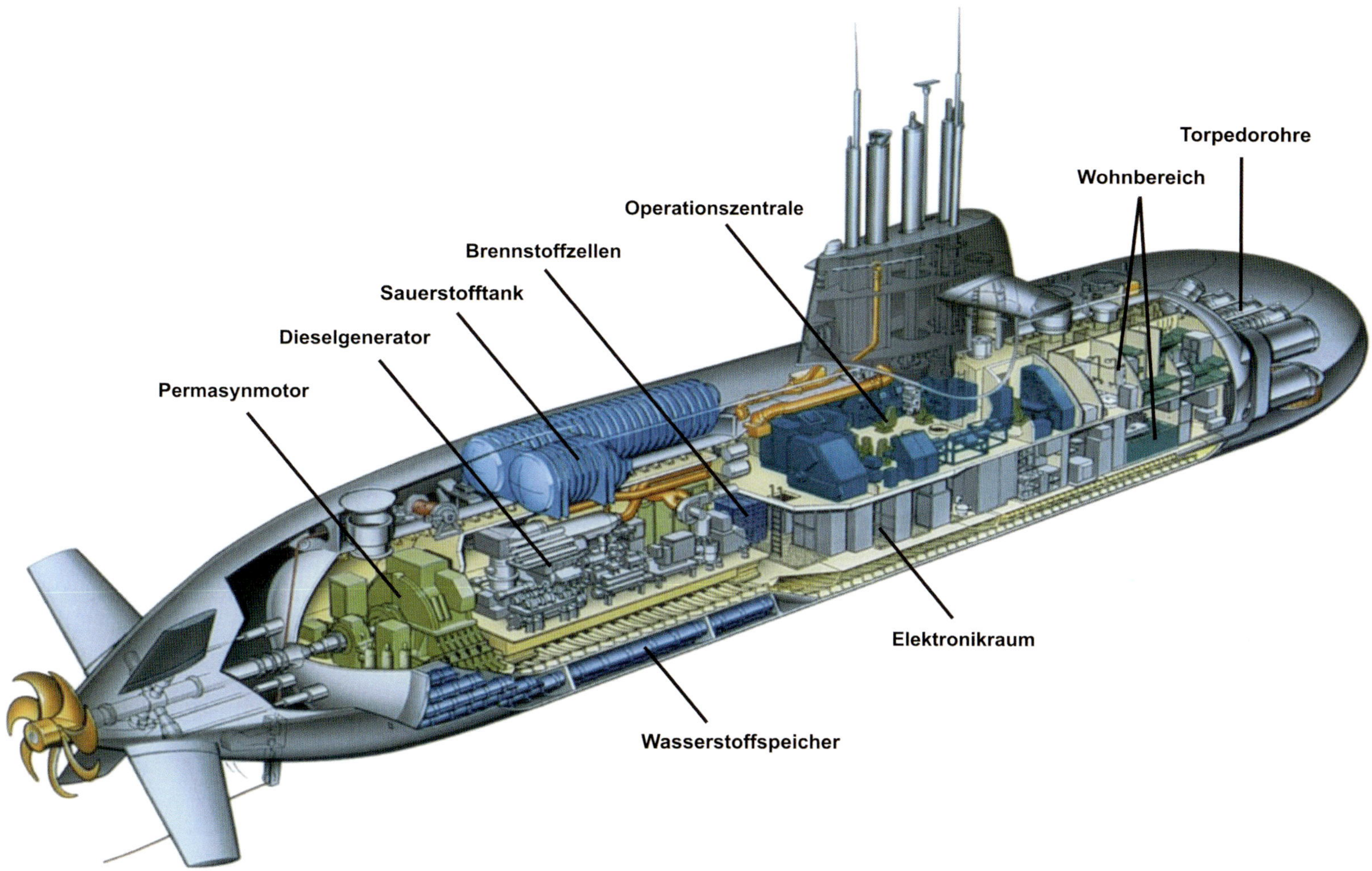

Risszeichnung der Klasse 212A. (Foto: thyssenkrupp Marine Systems)

Meter angegeben. Die ↑/↓-Verdrängung beträgt 1450 / 1830 Tonnen. Ein MTU Dieselmotor von 1415 PS ist mit einem Generator verbunden und dient der Aufladung der Batterie. Ein Elektro-Fahrmotor von 2850 kW Leistung ermöglicht eine ↑/↓-Geschwindigkeit von 12 / 20 Knoten.

Neun Brennstoffzellen-Module erbringen eine Leistung von jeweils 30 bis 40 kW. Die Brennstoffzelle gewährleistet eine lange Unterwasserfahrzeit ohne Schnorchelphasen. Elektrische Energie ohne Umwege heißt das Prinzip. Die Brennstoffzelle wandelt die mitgeführten Reaktanten Wasserstoff und Sauerstoff auf direktem Wege in elektrischen Gleichstrom. Das Funktionsprinzip entspricht der Umkehrung der Wasserelektrolyse, so dass als Reaktionsprodukt nur noch reines Wasser entsteht. Auf einer Verlegungsfahrt in das Mittelmeer war »U 32« kurz nach seiner Indienststellung als erstes konventionelles U-Boot zwei Wochen ohne Außenluftzufuhr getaucht unterwegs. Eine Leistung, zu der bisher nur nuklear angetriebene U-Boote fähig waren. Die Einsatzreichweite der Klasse 212A beträgt 8000 Seemeilen bei einer Geschwindigkeit von acht Knoten.

An Bewaffnung sind sechs 533-mm-Torpedorohre mit Druckwasserausstoß vorhanden. Zwölf Torpedos DM 2A4 SEEHECHT können insgesamt mitgenommen werden. Damit ist die Klasse 212A die erste deutsche Nachkriegsklasse, deren Rohre nach NATO-Kriterien zweitschussfähig sind. Alternativ können bis zu 24 Rohrminen mitgenommen werden, wobei zwei Minen einen Torpedo ersetzen.

Die U-Boote der Klasse 212A haben eine Besatzungsstärke von 28 Personen. Mit vier Einheiten stehen U-Boote der Klasse 212A auch bei der italienischen Marine, mit der eine enge Zusammenarbeit stattfindet, im Dienst.

Die feierliche Taufe von »U 34« am 1. Juli 2005 bei den Nordseewerken in Emden. (Foto: Hans Karr)

Ein U-Boot des ersten Bauloses der Klasse 212A (auf der Pier) und das U-Boot »U 35« vom zweiten Baulos (im Wasser) bei einer Werftliegezeit in Kiel. (Foto: Hans Karr)

2 U-Boote Klasse 212A – 2. Baulos

Neben den vier von 2005 bis 2007 in Dienst gestellten U-Booten »U 31« bis »U 34« erhielt die Deutsche Marine 2015 / 2016 mit »U 35« und »U 36« zwei weitere modifizierte Einheiten. Sie sind mit 57,20 Meter länger als ihre Vorgänger und haben eine größere ↑/↓-Verdrängung von nun 1700 / 1980 Tonnen.

Die beiden U-Boote der zweiten Bauserie bauen auf dem bereits bewährten Gesamtentwurf der ersten vier Einheiten auf. Mit neueren Technologien weisen sie einige Verbesserungen auf. So erlauben moderne Kommunikationsmittel und Führungssysteme die Teilnahme an vernetzter Operationsführung. Der Einbau einer Vier-Personen-Schleuse im Turm ermöglicht das verdeckte Absetzen von Spezialkräften. Die Tropikalisierung erlaubt den uneingeschränkten weltweiten Einsatz. Zu den vorgenommenen Anpassungen zählen:

- der Einbau eines Kommunikationssystems zur vernetzten Operationsführung
- der Einbau eines integrierten deutschen Sensor-, Führungs- und Waffeneinsatzsystems
- der Ersatz des Flank Array Sonars durch eine flächenhafte Seitenantenne
- neue Sehrohrtechnik mit SERO 400 und Optronikmast OMS 100
- der Einbau einer Vier-Personen-Schleuse im Turm für das verdeckte Absetzen von Spezialkräften
- ein druckfester Transportbehälter für die mitgeführte Ausrüstung der Spezialkräfte
- die Tropikalisierung für den uneingeschränkten weltweiten Einsatz

Das U-Boot »U 36« des zweiten Bauloses der Klasse 212A bei Erprobungen auf der Kieler Förde. (Foto: Hans Karr)

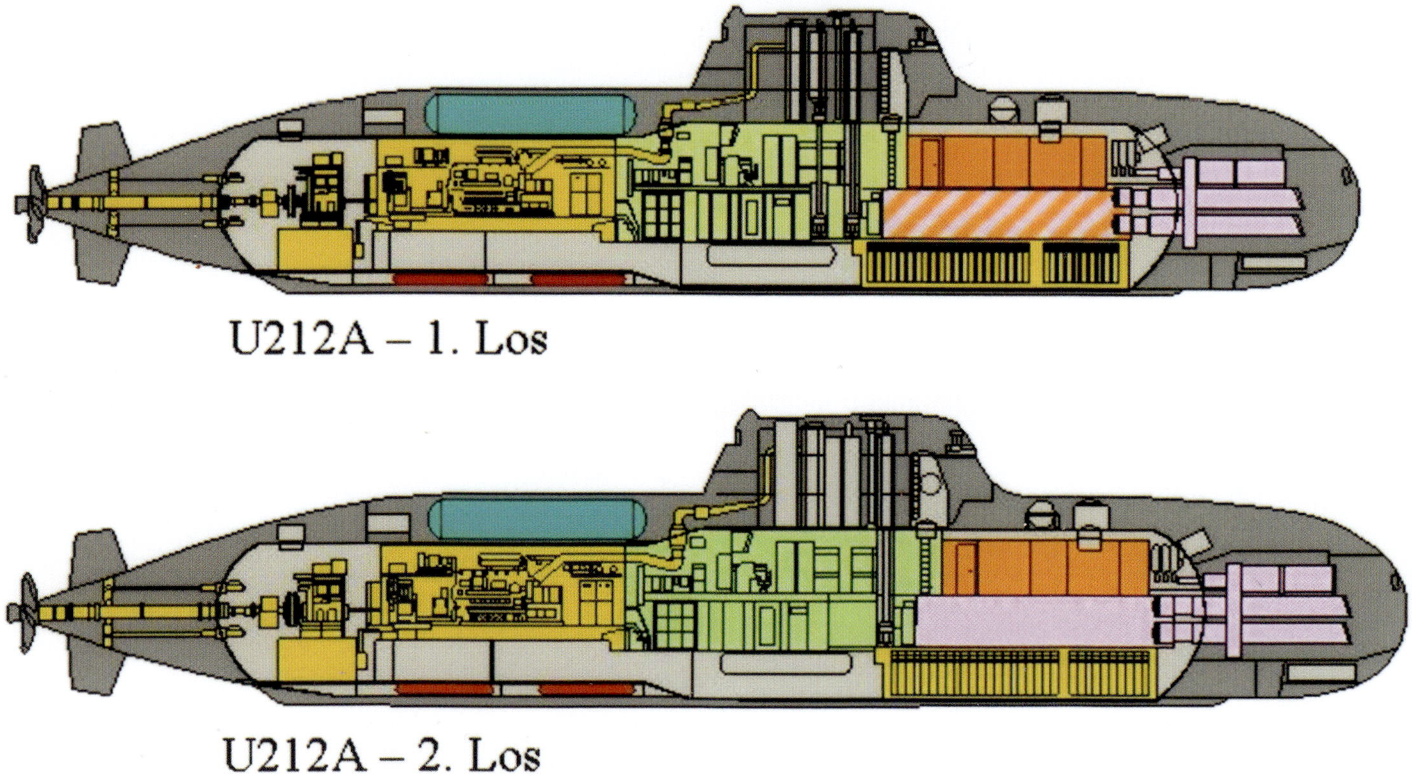

Die Baulose I und II der Klasse 212A im Vergleich. (Foto: thyssenkrupp Marine Systems)

- der Einbau von CALLISTO, einem hydrodynamisch stabilen Schwimmkörper, der über ein Windensystem an die Oberfläche gebracht und mitgeschleppt wird und so die Kommunikation empfangs- wie auch sendeseitig aus dem tief getauchten U-Boot ermöglicht
- für spätere Nachrüstungen werden Raum und Gewichtsreserven (fitted for, but not with) vorgehalten für ein Towed Array Sonar und ein Torpedoabwehrsystem

3 U-Boote Klasse 212CD

Weiterhin ist für die Zukunft zusammen mit Norwegen eine Weiterentwicklung auf den Weg gebracht worden. Vier U-Boote sollen bis 2030 nach dort ausgeliefert werden. Auch die Deutsche Marine wird zwei typgleiche U-Boote beschaffen. Die neuen U-Boote - zunächst als Klasse 212NG (Next Generation) bezeichnet - haben die Designierung Klasse 212CD (Common Design) erhalten.

Am 12. September 2023 hat in Kiel bei thyssenkrupp Marine Systems (tkMS) die Produktion der weltweit modernsten konventionellen U-Boote begonnen. Der im Juli 2021 erteilte Auftrag ist der bislang größte in der Geschichte von tkMS. Die sechs U-Boote der Klasse 212CD gehen als eine neue Generation über die Klasse 212A hinaus. Mit weiterentwickelten Fähigkeiten im Bereich Lagebilderstellung, einer erweiterten Vernetzbarkeit mit verbündeten Einheiten und einer verringerten Signatur stellen die neuen U-Boote nicht nur aufgrund ihrer imposanten Größe neue Anforderungen an die Produktion, sondern erfordern auch modernste Fertigungslinien für die schiffbauliche Ausrüstung mit hochtechnologischen Systemen.

Bei einer Länge von 74 Meter, einer Breite von 10 Meter und einer Höhe von 13 Meter wird die Klasse 212CD eine ↑/↓-Verdrängung von 2500 / 2800 Tonnen aufweisen. Damit sind diese Boote die größten bisher in Deutschland gebauten U-Boote.

Das vermutliche Aussehen der neuen deutschen U-Boote der Klasse 212CD. (Foto: thyssenkrupp Marine Systems)

Teil 2

Der lange Weg von der Marine ins Museum

SINSHEIM
AIR FRANCE
HA-LBH
KÜBLER SPEDITION

Kapitel 1

Der Transport übers Wasser von Kiel nach Speyer

Das U-Boot »U 17« wurde in Kiel am 1. Oktober 1970 bei den Howaldtswerken auf Kiel gelegt. Zwei Jahre später, am 10. Oktober 1972, schwamm das Boot auf und wurde getauft. Es folgten nun in Regie der Bauwerft die üblichen Erprobungsfahrten bei denen die seemännischen, technischen, und elektronischen Einrichtungen in ihrer Funktionalität auf Herz und Nieren geprüft wurden. Am 16. November 1973 wurde »U 17« an den Auftraggeber abgeliefert. Daran schloss sich am 28. November 1973 mit dem Setzen von Flagge und Wimpel die offizielle Indienststellung für die Seestreitkräfte der Bundesrepublik Deutschland an.

In den folgenden Jahren war »U 17« in den alltäglichen Flottendienst eingebunden. Im steten Wechsel absolvierte das U-Boot sein Fahrprogramm gemäß JÜEP (Jahres Übungs- und Erhaltungsplan) und ging in festgelegten Jahresabständen routinemäßig in seine Bauwerft zur Instandhaltung.

Der Einsatz erfolgte im Operationsgebiet der Bundesmarine, also in der Ostsee sowie in der Nordsee und deren angrenzenden Gewässern. Er war bestimmt durch die regelmäßige Teilnahme an nationalen und internationalen wie auch NATO-Manövern. Das schwer ortbare U-Boot war, wie auch seine 17 Schwesterboote, ein begehrtes Zielobjekt für

»U 17« (vorne) liegt auf dieser Aufnahme vom Oktober 2005 im Eckernförder Marinestützpunkt beim Schwesterboot »U 30« längsseits. Dahinter hat an der Pier »U 23« festgemacht. Das Boot an der anderen Pierseite lässt sich leider nicht näher identifizieren. (Foto: Hans Karr)

»U 17« läuft in den Marinestützpunkt Eckernförde ein. Das Leinenpersonal macht schon mal seine Manöverstation auf dem Bug und auf der Achterkante des Turms klar. (Foto: Deutsche Marine)

die Ausbildung des U-Jagdpersonals auf Zerstörern und Fregatten der NATO-Marinen. Zur Ausbildung und zur Erhaltung von Fähigkeiten im Operations- und Waffenabschnitt standen auch Teilnahmen an den von der Ubootflottille durchgeführten und als »Grüner Aal« bezeichneten Torpedoschießabschnitte (TSA) auf dem Einsatzplan.

Gegen Ende der 1980er Jahre gehörte »U 17« zu den vorgesehenen zwölf U-Booten der Klasse 206, die zur Klasse 206A umgerüstet werden sollten. Dies geschah auf der Bauwerft. Der Umbau begann im September 1989 und war im Mai 1991 mit dem Funktionsnachweis abgeschlossen. »U 17« war das neunte Boot, dessen Umrüstung zur Klasse 206A durchgeführt wurde.

Die Abbildung zeigt »U 17« am 30. August 2010 bei der Teilnahme an der Abschiedsparade der letzten sechs U-Boote der Klasse 206A in der Eckernförder Bucht. Ein Teil der Besatzung ist in Passieraufstellung angetreten. (Foto: Deutsche Marine)

Die außer Dienstgestellten U-Boote »U 15« (S 194) und »U 17« (S 196) als Auflieger im Marinearsenal Wilhelmshaven. Die Aufnahme stammt vom März 2015. (Foto: Ein Dahmer / CC-BY-SA 4.0)

Nach dem Umbau führte »U 17« eine Einzelausbildung durch. Der Besatzung mussten ja schließlich wieder die Seebeine wachsen. Danach ging es schon auf Auslandsreise. Das Boot wurde dem FOST (Flagg Officer Sea Training) in Portland zur Verfügung gestellt. Der FOST ist eine Ausbildungseinrichtung der englischen Royal Navy, die auch von NATO-Marinen genutzt wird. Deutsche U-Boote waren dort sehr gefragt. Mit den schwer ortbaren Booten ließ sich die U-Jagdausbildung der Zerstörer und Fregatten auf ein sehr hohes Niveau bringen. »U 17« nahm auch am JMC (Joint Maritime Course), ebenfalls eine Ausbildungseinrichtung und Manöverserie der Royal Navy, die in schottischen und atlantischen Gewässern stattfindet, teil.

In den nächsten Jahren folgten abwechselnd Torpedoschießabschnitte im Skagerrak sowie Verbandsübungen und Auslandsfahrten im Verband mit anderen U-Booten. Auch Manöverteilnahmen im NATO-Rahmen wurden absolviert. Die beteiligten U-Boote wurden dabei von den Unterstützungseinheiten »Meersburg« und »Fehmarn« begleitet und unterstützt.

Zu der bislang größten Unternehmung deutscher U-Boote seit dem Zweiten Weltkrieg liefen am 1. April 1997 »U 17« und »U 26« aus. Beide Boote sollten mit dem U-Boottender »Meersburg« den Atlantik überqueren und vor der amerikanischen Ostküste an Manövern mit der US Navy teilnehmen. Ziel dieser AAG (Ausbildungsfahrt in außerheimischen Gewässern), an der sich zeitweise noch weitere deutsche Einheiten beteiligten, war die Karibik um Puerto Rico sowie Häfen und Stützpunkte in den USA. Für die Besatzung war wohl vom 2. bis 7. Juli der Besuch von New York ein besonderer Höhepunkt. Danach ging es wieder über den Atlantik zurück nach Hause. Am 5. August trafen »U 17« und »U 26« in Eckernförde ein.

Anschließend kehrte bei »U 17« wieder der normale Flottenalltag ein mit Teilnahmen an TSAs, FOST, JMC und sonstigen AAGs. Außerdem stand »U 17« dem Ausbildungszentrum Uboote (AZU) für dessen Ausbildungserfordernisse zur Verfügung.

In der zweiten Jahreshälfte 2002 erfolgte vom August bis Dezember erstmals ein Mittelmeereinsatz. »U 17« war dabei zeitweise dem Ständigen NATO-Einsatzverband Mittelmeer (STANAVFORMED / SNFM, NATO Standing Naval Force Mediterranean) zugeordnet. Auch Übungen mit der griechischen, französischen und amerikanischen Marine, einschließlich der Zusammenarbeit mit französischen und amerikanischen Atom-U-Booten, standen auf dem Übungskalender. Zahlreiche Häfen wurden bei dieser Einsatzfahrt im Mittelmeer angelaufen, wobei der Besuch von Haifa in Israel für deutsche Soldaten im Hinblick auf unsere Geschichte schon eine besondere Herausforderung darstellte.

Über das Einsatzjahr 2002 gibt Eberhard Rössler in seinem Buch »Die U-Bootklasse 206 / 206A der Deutschen Marine« auf der Seite 110 folgende Informationen:

»Für seine erfolgreichen Einsätze im Jahr 2002, bei denen »U 17« bei 181 Abwesenheits- und 127 Seetagen 14.030,8 Seemeilen zurückgelegt hatte und dabei 1375,5 Tauchstunden und 249,2 Schnorchelstunden absolvierte, erhielt das Boot am 3. April 2003 den Leistungspreis der Ubootflottille.«

Ein zweiter Mittelmeereinsatz folgte in 2005. Auch hierfür sei nochmals Eberhard Rösslers Buch auf der Seite 111 zitiert:

»Vom 5. Februar bis 6. September beteiligte sich die Besatzung von »U 17« an einem Langzeit-Mittelmeeraufenthalt ihres Bootes. Zuerst führte »U 17« mit der Besatzung von »U 23« einen OAE-Einsatz mit den Anlaufhäfen Malaga, Augusta, Akzas, Marmaris und Souda durch, dann übernahm die U 17-Crew ihr Boot und wirkte am Manöver NOBLE MARIN mit. Dabei wurden von »U 17« Souda, Akzas und Tanger angelaufen.«

Operation Active Endeavour (OAE) war eine militärische Operation im Mittelmeerraum unter der Führung der NATO. Ziel der Operation war es, NATO-Solidarität und Entschlossenheit zu demonstrieren und zur Entdeckung und Abschreckung terroristischer Aktivitäten im Mittelmeerraum beizutragen

Am 9. Februar 2007 lief »U 17« zu seinem dritten Mittelmeer-Einsatz aus, der wieder im Rahmen von OAE angesiedelt war. Das Boot musste aber schon bald den Einsatz wegen Ausfalls und Beschädigung der Antriebsanlage abbrechen und traf am 14. März wieder in Eckernförde ein. Während ihr eigenes Boot zur Reparatur in die Werft ging, übernahm die Besatzung im Austausch »U 18«, das seiner Zeit im Mittelmeer stand und beteiligte sich mit diesem Boot dann an OAE und dem Manöver NOBLE MIDAS.

Vom 17. bis 28. Mai 2009 nahm »U 17« an der Veranstaltung »100 Jahre norwegische U-Boote« in Bergen teil, war danach wieder Teilnehmer bei FOST und besuchte die »Belgian Navy Days« in Zeebrügge.

»U 17« wird am 30. Juni 2021 von Wilhelmshaven nach Kiel geschleppt.*(Foto: Verband Deutscher Ubootfahrer e. V.)*

Das restliche Marineleben von »U 17« fasst Eberhard Rössler kurz und prägnant wie folgt auf der Seite 111 zusammen:

»Am 16. Januar 2010 lief »U 17« zu seinem vierten Mittelmeeraufenthalt aus, jedoch mit der Besatzung von »U 18«, und nahm am Manöver NOBLE MANTA teil. Folgende Häfen wurden angelaufen: Malaga, Catania, La Valetta und Palma de Mallorca. Möglicherweise war wieder ein Besatzungstausch vorgesehen, doch dann erreichte das Boot der Stilllegungsbeschluss. Am 7. Mai traf »U 17« wieder in Eckernförde ein. Am 30. August nahm das Boot, nun wieder mit der eigenen Besatzung, noch an der Abschiedsrunde in der Eckernförder Bucht teil, dann wurde es am 14. Dezember 2010 in Wilhelmshaven außer Dienst gestellt.«

In den folgenden Jahren blieb »U 17« als Auflieger in Wilhelmshaven liegen. Über seine endgültige Verwertung gab es jahrelang keine Entscheidung. Ebenso verhielt es sich mit dem seiner Zeit am gleichen Tag wie »U 17« außer Dienst gestellten U-Boot »U 15«.

Bei dem Verband Deutscher Ubootfahrer (VDU) gab es jedoch rege Aktivitäten neben den als Museumsexponaten schon vorhandenen U-Booten der Klasse 205mod, das waren »U 9« in Speyer, »U 10« in Wilhelmshaven und «U 11« in Burgstaaken, nun auch noch ein U-Boot der Klasse 206 oder 206A als Museums-U-Boot herrichten zu können und damit der Nachwelt eine bedeutende U-Bootklasse zu erhalten. Mit dem Technik Museum Sinsheim war auch bald ein Partner gefunden,

Oben und rechts: »U 17« wird in Kiel für den Transport nach Sinsheim verladen. (Fotos: Technik Museum Sinsheim)

der ein solches Projekt organisatorisch durchführen und wirtschaftlich tragen konnte. Eine Verbindung zum Technikmuseum war durch eine Gruppe von Mitgliedern des VDU, die schon seit Jahren das Museum in Speyer bei der Pflege, Wartung und Instandhaltung des Museums-U-Bootes »U 9« unterstützt, vorhanden.

Lange blieb alles nur eine Wunschvorstellung. Doch man ließ in seinen Bemühungen nicht nach. Ins Visier genommene Kandidaten waren die beiden oben genannten U-Boote »U 15« und »U-17« in Wilhelmshaven. Im Jahre 2018 gab es seitens der damaligen Verteidigungsministerin Frau von der Leyen die Zusage, dass das Technik Museum Sinsheim ein U-Boot der Klasse 206A erhalten wird. Gedacht war dabei an die in

Wilhelmshaven liegenden U-Boote »U 15« oder »U-17«. Dann herrschte erst mal wieder Funkstille.

Im Laufe der Zeit stellte sich heraus, dass das Hydrazin-Entsorgungs-Problem nicht einfach zu lösen war. Es gab da viele Bedenkenträger. Die Entsorgungsmaßnahmen konnten aber letztendlich im Herbst 2020 in die Wege geleitet werden. Für den Transport zu dem Technik Museum Sinsheim war es aber auch noch notwendig die rund 120 Tonnen schwere Fahrbatterie zu entfernen, damit ein Schiffstransport auf dem Neckar durchgeführt werden konnte. Hinzu kamen die allgemein üblichen Maßnahmen, wie sie im Rahmen der Demilitarisierung durchzuführen sind.

Gewinner im Rennen als Museums-U-Boot wurde letztendlich »U 17«. Grund war der bessere Gesamtzustand des Bootes und die dadurch geringeren Renovierungskosten. Am 30. Juni 2021 wurde daraufhin »U 17« von Wilhelmshaven zur Werft von thyssenkrupp Marine Systems (tkMS, ehemals Howaldtswerke) nach Kiel überführt, wo die Waffensysteme noch ausgebaut und die übrigen Punkte der Demilitarisierung durchgeführt wurden.

Am 28. April 2023 hob der gigantische Portalkran der Werft das über 50 Jahre alte und rund 400 Tonnen schwere U-Boot aus dem Trockendock, um es schwebend in Richtung Wasser zu bewegen. Dort wartete der hochseetaugliche Ponton »Lastdrager 27« des niederländischen Logistikunternehmens Van der Wees auf das U-Boot. Von überdimensionalen Schlingen festgehalten, senkte sich das neue Exponat für das Technik Museums Sinsheim vorsichtig und kontrolliert auf den 85 Meter langen Schwimmkörper. Nachdem die vergleichsweise sanfte Senkaktion vollbracht war, machte sich die anwesende Mannschaft daran,

Auf dem Weg nach Sinsheim ist »U 17« auf dem Ponton festgezurrt und festgeschweißt als Schleppverband zum letzten Mal in der Nordsee unterwegs. (Fotos: Technik Museum Sinsheim)

den Koloss zu befestigen. Ein halber Tag wurde gehämmert und geschweißt.

Pünktlich um 6 Uhr setzte sich der Schleppverband, gezogen vom 23 Meter langen niederländischen Schlepper »Teddy« am nächsten Morgen in der Kieler Förde in Richtung Rotterdam in Bewegung. Über den Nord-Ostseekanal und durch die südliche Nordsee wurde der Zielhafen angesteuert.

Als Schubverband, so wie es in der Binnenschifffahrt üblich und alltäglich ist, ging es dann auf dem Rhein weiter nach Speyer, wo man am 17. Mai im dortigen Naturhafen ankam. Der Schubverband hielt auf seinem Weg unter großem Publikumsinteresse in mehreren Rheinhäfen an. Als Straßentransport auf einem Tieflader gelangte das U-Boot am 21. Mai dann auf das Gelände vom Technik Museum Speyer.

In Speyer wurde »U 17« für den Weitertransport auf dem Neckar und über Land nach Sinsheim vorbereitet. Im Juli 2024 war dieser Zeitpunkt gekommen. Vorher galt es aber noch ein schwerwiegendes Problem zu lösen. Da die Alte Brücke in Heidelberg und noch einige weitere Neckarbrücken zu niedrig sind, muss das U-Boot vor der Durchfahrt um 90 Grad gedreht werden. Es ist die einzige Möglichkeit unter Brücken auf dem Weg nach Sinsheim hindurchzubekommen. Und diese Möglichkeit war zwangsläufig vorher auf dem Gelände des Technik Museums Speyer zu testen.

Anfang November 2023 war es dann so weit. Das neue Exponate des Technik Museums Sinsheim wurde auf den beiden hierzu extra angefertigten Rollenböcken einer Drehvorrichtung in 25 Zentimeter Schritten, auf der Außenhaut gemessen, gedreht. Jeder Schritt entsprach ungefähr sechs Grad. In diesem linearen Verlauf wurde nach und nach gekippt, bis das Boot im 73 Grad Winkel zum Liegen kam. So wurde der U-Boot-Turm auf die gleiche Höhe wie der eigentliche Rumpf gebracht. Damit ist gewährleistet, dass die Hindernisse auf dem Neckar und auf dem Landweg unterfahren werden können. Rund vier Stunden hat dieser Vorgang gedauert.

Einen um die 400 Tonnen schweren, 50 Meter langen und neun Meter hohen Koloss von U-Boot auf See, auf Flüssen und auf dem Land zu bewegen und zu transportieren ist selbst für Schwergut-Transport-

Im Schubverband geht es auf dem Rhein, hier beim Passieren von Remagen am 14. Mai 2024 gegen 13 Uhr, in Richtung Speyer. (Fotos: Hans Karr)

S 196
Technik Museen Sinsheim Speyer
WWW.VANDERWEES.NL
LASTDRAGER 27

S 196
U17
Technik Museen Sinsheim Speyer

Auf einer Drehvorrichtung wird in Speyer das für den Weitertransport auf dem Neckar so wichtige Drehmanöver des U-Bootes getestet. (Fotos: Technik Museum Sinsheim)

spezialisten keine einfache Aufgabe. Aber sie wurde dank dem großen Engagement aller Beteiligten, gleich in welcher Funktion und an welchem Ort sie bei diesem Projekt standen, hervorragend gemeistert. Für die Nachwelt ist damit der Erhalt eines bedeutenden Meilensteins deutschen Marineschiffbaus sowie deutscher Marine- und U-Bootgeschichte gelungen.

Das U-Boot »U 17« ist nach seiner Ausmusterung als Kriegsschiff offiziell im Bestand der Wehrtechnischen Studiensammlung Koblenz geblieben, die für die Erhaltung wesentlicher Exponate der wehrtechnischen Entwicklung in der Bundeswehr zuständig ist. Es ist jedoch als Dauerleihgabe an das Technik Museum Sinsheim abgegeben. Der Leihvertrag wurde im Januar 2023 von Museumspräsidenten Hermann Layher unterschrieben.

»U 17« in Speyer in der Warteschleife für den Weitertransport nach Sinsheim. (Foto: Hans Karr)

»Trotz der unentgeltlichen Überlassung sind mit der Ausleihe auch einige Kosten für das Museum verbunden und es müssen Voraussetzungen erfüllt werden, bis das »gute Stück« seinen neuen Platz einnehmen kann. Das Museum muss beispielsweise per Leihbedingungen ab physischer Übergabe des U-Bootes für bestimmte Arbeiten wie die Demilitarisierung, den Transport oder die Versicherung aufkommen«, teilte die Deutsche Marine auf ihrer Internetseite bezüglich der Übergabe von »U 17« seiner Zeit mit.

Wie aus dem Verband Deutscher Ubootfahrer zu erfahren war, wird sich auch für »U 17« eine Betreuergruppe bilden, die, genau wie es bei »U 9« in Speyer der Fall ist, das Technik Museum Sinsheim bei der Pflege, Wartung und Instandhaltung des U-Bootes »U 17« unterstützen wird.

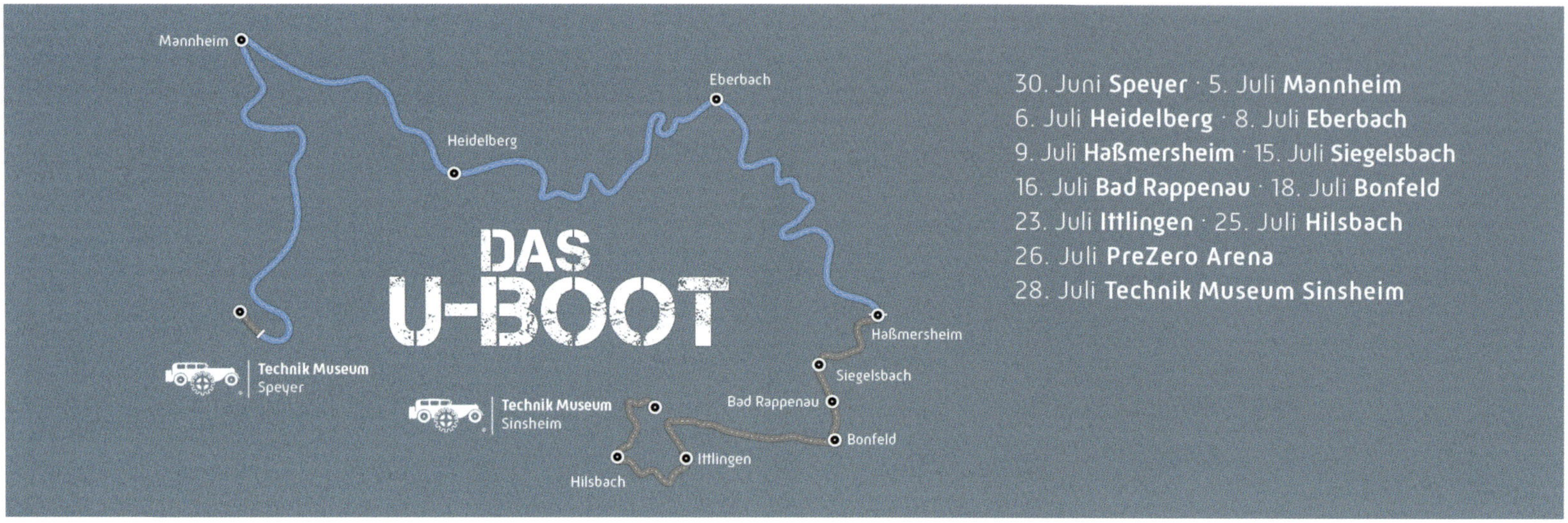

Der letzte Weg von »U 17«. Die Transportetappe von Speyer nach Sinsheim im Juni / Juli 2024 erfolgte auf dem Neckar und als Straßentranport. (Foto: Technik Museum Sinsheim)

»Ein U-Boot auf dem flachen Land, 600 Kilometer weg vom Meer gibt es inmitten Europas größtem Privatmuseum zu erleben«, lautet der vollständige Werbespruch des Technik Museums Sinsheim. (Foto: Technik Museum Sinsheim)

Das kreisförmige Bootswappen von »U 17« zeigt in einem runden Wappenschild auf gelbem Hintergrund drei schwarze vertikal übereinander angeordnete Delphine. Diese Anzahl stellt den Bezug zum 3. Ubootgeschwader her, wo das Boot am 28. November 1973 in Dienst gestellt wurde. Die Delphine sollen auch die Eigenschaften des U-Bootes symbolisieren, bei relativ langer Außenluftunabhängigkeit und bei einem hohen Maß an Ortungsvermögen selbst einen überlegenen Gegner entschlossen angreifen zu können. (Foto: Archiv Autor)

»U 17« bekommt Räder – die Reise von Speyer nach Sinsheim

30. Juni 2024: Transportstart vom Technik Museum Speyer an das Rheinufer

Am 30. Juni 2024 um 8:20 Uhr war es soweit: Das U-Boot »U 17« machte sich auf den Weg zum Rheinufer. Dies war der Startschuss für die vierwöchige »U 17«-Reise ins Technik Museum Sinsheim. Der Auftakt verlief reibungslos – und auch das Wetter spielte mit: Es war ein regenfreier Sonntagvormittag. Auf den Bildern wird »U 17« gerade für den Fluss-Transport vorbereitet und auf einen bereit liegenden Ponton geschoben.

2. Juli 2024: Roll-on des U-Bootes auf dem Fluss-Ponton

Ein grandioser Moment für alle Beteiligten! Der Roll-on des U-Bootes »U 17« auf den Ponton ist vollbracht: »U 17« wurde präzise und sicher auf den schwimmenden Untersatz manövriert. Damit ist ein weiterer Meilenstein des vierwöchigen »U 17«-Transports vom Technik Museum Speyer ins Technik Museum Sinsheim geschafft! Nun stehen noch einige Sicherungs- und Befestigungsarbeiten an, bevor der Schubverband am Freitag, den 5. Juli, über den Rhein Richtung Mannheim startet. Dort wird »U 17« auch zum ersten Mal auf dem Ponton auf die Seite gedreht werden.

5. Juli 2024: »U 17«-Drehung in Mannheim

Die erste Drehung des U-Bootes »U 17« auf dem Wasser ist geschafft. Diese anspruchsvolle Aktion wurde am 5. Juli 2024 erfolgreich durchgeführt und markiert einen wichtigen Meilenstein des vierwöchigen U-Boot-Transports von Speyer ins Technik Museum Sinsheim. In den Morgenstunden verließ der Verband das Rheinufer in Speyer. Gegen 12 Uhr mittags machte er vor dem Betriebsgelände der Spedition Kübler in Mannheim/Rheinau fest.

Sodann ging es Schlag auf Schlag: Lashings lösen, ordentlich und sicher verstauen, dann die Elektrik für die Drehvorrichtung verlegen und diese betriebsbereit machen. Es folgte ein einmaliges Schauspiel für alle Beteiligten – 350 Tonnen kippten innerhalb weniger Minuten zur Seite, bis die »U 17« in einem Winkel von 76 Grad auf dem Fluss-Ponton zum Liegen kam; bereit für die nächste Etappe.

6. Juli 2024: Von Mannheim nach Heidelberg

Ein weiteres Highlight fand am 6. Juli 2024 in Heidelberg statt: Die »U 17« machte vor den historischen Wahrzeichen der Stadt am Neckarufer fest und lockte zahlreiche neugierige Besucher an. Unterhalb des Heidelberger Schlosses und vor der Alten Brücke bot sich allen Anwesenden ein bildgewaltiges Szenario: Die Schlossruine rechts, die Brücke aus dem Jahr 1788 links und das gut 200 Jahre jüngere U-Boot mittendrin – ein echtes Spektakel!

Auch auf seinem Weg von Mannheim in die Rhein-Neckar-Metropole zog der Transport die Aufmerksamkeit von Familien, Geschichtsinteressierten und Technikbegeisterten auf sich. Es ging um Zentimeter, als der Verband die Neckarbrücke in Ladenburg meisterte und die enge Schleuse Schwabenheim passierte.

7. Juli 2024: »U 17« ankert in Heidelberg

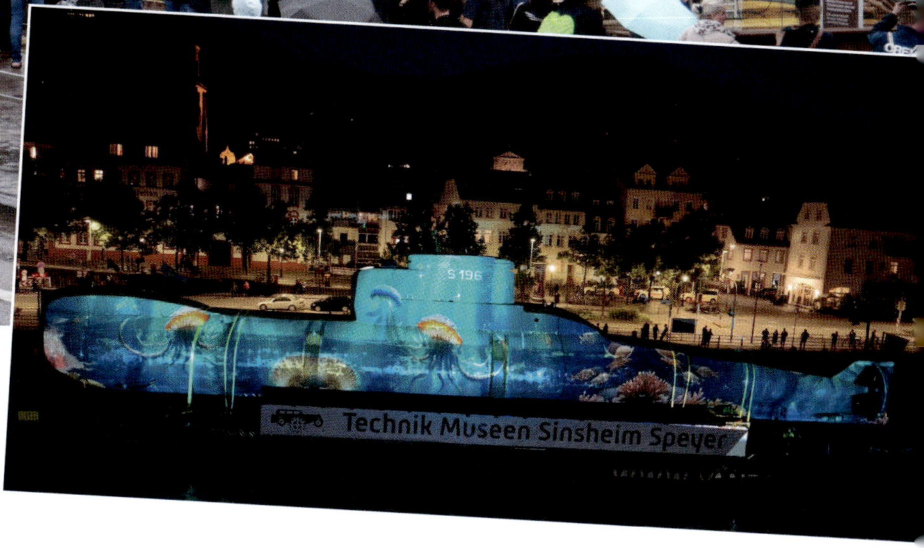

Bei perfektem Ausflugswetter hieß das U-Boot »U 17« die Heidelberger, Touristen und Fans am Neckarufer in Heidelberg willkommen. Die ehemaligen U-Boot-Fahrer waren mehr als bereit, die Fragen der Interessierten zu beantworten. Sobald die Sonne unterging, erstrahlte der maritime Oldtimer in den Farben bunter Unterwasserwelten – ein absolut atemberaubender Anblick, der von der Lichtprojektion des Metropolink Festivals perfekt in Szene gesetzt wurde.

8. Juli 2024: Von Heidelberg nach Eberbach

Am 8. Juli 2024 ging es von Heidelberg aus auf die rund 35 Kilometer lange Wasserstraße nach Eberbach. Was für eine Fahrt! Der Schubverband passierte historische Altstädte, Burgen, Weinberge und die abwechslungsreiche Natur des Neckartals. Gegen 18 Uhr wurde der Transport in Eberbach von den Einheimischen begeistert empfangen. Mit großem Hallo, einem eigens komponierten U-Boot-Song und Fanfaren begrüßte man die »U 17«. Am sensationellen, eigens aufgeschütteten Sandstrand herrschte absolute Urlaubsstimmung! Bei mitreißender Live-Musik von »Get Back« und der »Eberbach Ol'star Band« wurde ausgelassen gefeiert!

9. Juli 2024: Von Eberbach nach Haßmersheim

Heute ist »U 17« das letzte Mal auf dem Wasser unterwegs … Um Punkt 9 Uhr brach der Schubverband mit dem gekippten U-Boot »U 17« zur finalen Etappe auf dem Neckar auf. Das Ziel: die Gemeinde Haßmersheim im Neckar-Odenwald-Kreis. Der reizvolle Wasserweg von Eberbach nach Haßmersheim führte entlang des Neckartals durch eine malerische, waldreiche und hügelige Landschaft in Baden-Württemberg. Nach der imposanten Begrüßung mit Kanonenschüssen folgte der festliche Teil des Tages mit Live-Musik und kulinarischen Köstlichkeiten entlang des Neckarufers.

13. Juli 2024: Der letzte Landgang von »U 17« – ein gelungener Roll-off in Haßmersheim

Was für ein aufregender Morgen! Das U-Boot befindet sich nun zum allerletzten Mal auf dem Wasser. Begleitet von ehemaligen U-Boot-Fahrern, zahlreichen Schaulustigen und dem »U 17«-Transport-Team ging der 350-Tonnen-Koloss in den frühen Morgenstunden endlich an Land. Es war ein beeindruckender Anblick, als der Ponton quer im Neckar positioniert wurde und der 30-achsige Tieflader vorsichtig unter den Rumpf von »U 17« fuhr. Dann wurde das Boot abgesenkt, gesichert, abfahrbereit gemacht und abgestellt. Ein großartiger Moment für alle Beteiligten! Mit dieser grandiosen Aktion ist der Wassertransport für »U 17« nun offiziell beendet!

14. Juli 2024: Von Haßmersheim bis zum Zementförderband bei Neckarmühlbach

Einmal aufatmen bitte – am 14. Juli 2024 gab es gleich zwei Gründe zum Jubeln. Die weltweit erste Drehung eines U-Bootes auf einem Tieflader – ein absoluter Meilenstein für alle Beteiligten! Und als ob das nicht genug wäre, markierte dieser Tag auch noch die Halbzeit des vierwöchigen Transports von Speyer ins Technik Museum Sinsheim. Was für ein Erfolg!

15. Juli 2024: Von Neckarmühlbach nach Siegelsbach

Wie der Mühlbach schlängelte sich das U-Boot durch das schöne Fünfmühlental im Kraichgau, bis es mittags in der Ortsmitte von Siegelsbach ankam. Der maritime Oldtimer wurde von der Bevölkerung mit großem Jubel und Interesse begrüßt. Die örtlichen Vereine haben sich um die Verpflegung aller Schaulustigen und natürlich auch der Crew gekümmert. Gegen 14:30 Uhr setzte sich der Tross in Bewegung und das U-Boot wurde hinter dem Kreisverkehr am Ortsausgang Siegelsbach in Richtung Bad Rappenau geparkt.

16. Juli 2024: Von Siegelsbach nach Bad Rappenau
Schon beim Ortseingang wurde »U 17« mit großem Jubel begrüßt. Und bevor die Feierlichkeiten fortgesetzt werden konnten, gab es für die Crew noch zwei knifflige Stellen zu bewältigen: Die engste Kurve auf der bisherigen Strecke (die 90-Grad-Kurve bei der evangelischen Kirche) wurde dank des präzisen und routinierten Einsatzes des Fahrerteams mit äußerster Sorgfalt passiert. Wenige Meter weiter wurde auch der Kreisverkehr mit höchster Konzentration aller Beteiligter souverän gemeistert. Im Anschluss wurde die Ankunft von »U 17« ausgelassen zelebriert. Und während die Bad Rappenauer auch noch am nächsten Tag weiterfeierten, bereitete sich die Transport-Crew ab 9 Uhr auf die anstehende Querung der Bahnlinie vor. Gegen 12 Uhr wurde »U 17« nochmals seitwärts gedreht, um dann gegen 23:30 Uhr über die Gleise und unter der Oberleitung hindurch zu rollen – ein weiteres Highlight!

20./21. Juli 2024: Als Geisterfahrer auf der Autobahn

18. Juli 2024: Bahnquerung in Bad Rappenau
Kurz nach Mitternacht startete eine der aufregendsten Aktionen: Langsam und vorsichtig überquerte die Transport-Crew mit dem U-Boot den Bahnübergang in Bad Rappenau. Hierfür wurden zuvor die Oberleitungen angehoben. Vor den Augen hunderter Schaulustiger bewegte sich der 30-achsige Tieflader mit beeindruckender Leichtigkeit und Souveränität vorwärts. Kaum aus dem Kreisverkehr heraus, manövrierte das Team die »U 17« in die Wimpfener Straße und zog den Metallkoloss behutsam an den Häusern vorbei. Anschließend wurde der maritime Oldtimer aufgerichtet, gesichert und kurz vor 5 Uhr morgens am Ortsausgang von Bad Rappenau abgestellt.

18. Juli 2024: Von Bad Rappenau nach Bonfeld
An diesem Tag legte »U 17« eines der kürzesten Wegstücke zum Technik Museum Sinsheim zurück. Dafür verlangten die drei Kreuzungen auf dieser Strecke von der Besatzung höchste Konzentration. Nach gut zwei Stunden war es vollbracht: »U 17« war vor der Straßenmeisterei in Bonfeld angekommen und wurde von zahlreichen Schaulustigen in ausgelassener Stimmung empfangen.

6
Mannheim
U 62

S 196

20./21. Juli 2024: »U 17« als Geisterfahrer auf der Autobahn
In der Nacht von Samstag auf Sonntag erlebte der Kraichgau eine absolute Weltpremiere: Ein 350 Tonnen schweres und fast 50 Meter langes U-Boot war auf der voll gesperrten A6 unterwegs und legte ein ganzes Wegstück auf der Autobahn als Geisterfahrer zurück! Gegen 7 Uhr morgens stellte das Team die »U 17« auf dem Parkplatz zwischen Reihen und Ittlingen ab.

23. Juli 2024: Bahnüberquerung in Ittlingen

Nicht nur die enge Straßenführung ließ die Transporteure und alle Schaulustigen den Atem anhalten, es standen gleichzeitig die letzte seitliche Drehung des 350 Tonnen schweren Kolosses auf seiner fast vierwöchigen Reise von Speyer ins Technik Museum Sinsheim sowie die letzte Bahnüberquerung auf dem Programm. Planmäßig tastete sich der Tieflader kurz nach dem Anheben der Oberleitungen zur Bahnlinie vor. Um 00:30 Uhr rollte die letzte der 30 Achsen über das Bahngleis – ein unglaublicher Moment!

S196

24. Juli 2024: »U 17« in Ittlingen

Den Bewohnern und Zuschauern bot sich an diesem Nachmittag ein Anblick, den sie so schnell nicht vergessen werden: Der maritime Oldtimer schlängelte sich mit einer beeindruckenden Präzision durch den Ortskern – was für ein Spektakel. Die ortsansässigen Vereine versorgten die U-Boot-Fans mit leckeren Speisen und erfrischenden Getränken. Bevor »U 17« zum Nachtquartier am Ortsausgang in Richtung Hilsbach aufbrach, hatten die Schaulustigen die einmalige Gelegenheit, Selfies zu knipsen und sich mit dem Transport-Team sowie mit ehemaligen U-Boot-Fahrern des Verbandes Deutscher U-Boot-Fahrer e. V. rund um Jürgen Weber auszutauschen.

KÜBLER
SPEDITION
MAN

25. Juli 2024: »U 17« in Hilsbach

Was für ein unglaublicher Empfang in Hilsbach – dem ersten Tagesstopp in einem Teil der Stadt Sinsheim! Hunderte von Menschen begleiteten den Transport von Ittlingen nach Hilsbach am Straßenrand – und das mit einer beeindruckenden Präsenz. Mit Transparenten, Jubelrufen und frisch Gegrilltem wurde »U 17« gebührend begrüßt. Anschließend nahmen die Hilsbacher das neue Exponat des Technik Museums freudig in Empfang. Bewohner und Besucher der Region wollten sich das Spektakel nicht entgehen lassen und säumten die Straßen, um einen Blick auf den gigantischen 350 Tonnen schweren Metall-Koloss zu werfen. Doch bevor der Tross abgestellt werden konnte, musste noch eine knifflige Kreuzung im Ortskern gemeistert werden. Nur wenige Zentimeter trennten »U 17« von der Kirchenmauer und einem Wohnhaus. Nach erfolgreicher Rangierarbeit hatte sich die Crew den anschließenden Applaus dann aber mehr als verdient.

26. Juli 2024: »U 17« durch Weiler zur PreZero Arena in Sinsheim
Die vorletzte Etappe durch den Kraichgau führte »U 17« von Weiler bis zum Vereinsgelände der TSG Hoffenheim. Die kurvenreichen Serpentinenstraßen waren ein echtes Highlight und machten den Transport zu einer beeindruckenden logistischen Meisterleistung. Am Fuße der Burg Steinsberg warteten weitere spannende Herausforderungen auf das Team: ein Kreisverkehr und eine schmale Straße, die entlang der Häuserfassaden verläuft. Was für ein Abenteuer! Zwischen den Häusern war es zeitweise so eng, dass kurzerhand Straßenschilder abmontiert wurden, um die Durchfahrt zu ermöglichen. Doch damit nicht genug: Da das Burgdorf auf der höchsten Erhebung des Kraichgaus liegt, ging es am Ortsausgang wieder bergab.
Dank sorgfältiger Planung und Vorbereitung, zu der auch das Begradigen von Straßenabschnitten mit Stahlplatten gehörte, konnte der Transport reibungslos durchgeführt werden. Unzählige Schaulustige säumten die Strecke und hielten den Moment mit ihren Kameras fest – ein unvergessliches Erlebnis für alle Beteiligten! Die kurvenreiche Strecke von Weiler nach Sinsheim ist bekannt für ihre atemberaubende Landschaft und die anspruchsvolle Streckenführung. Der Transport erforderte daher besonderes Geschick von den Fahrern des Schwertransports und denjenigen der Begleitfahrzeuge, die den 30-achsigen Tieflader samt »U 17« eskortierten.

27. Juli 2024: »U 17«-Autobahnquerung bei Sinsheim

Was für eine Nacht! Bevor »U 17« seinen finalen Bestimmungsort erreichen konnte, musste der Tross bei strömendem Regen die Autobahn überqueren. Am nächsten Tag ging es endlich weiter – ins Technik Museum Sinsheim!

pre
zero Arena
SAP

MUSEUM SINSHEIM
IMAX 3D
S 196

28. Juli 2024: »U 17«-Ankunft im Technik Museum Sinsheim

Was für ein grandioses Finale! Nach einer aufregenden vierwöchigen Reise hat »U 17« sein finales Ziel erreicht. Tausende Schaulustige säumten die Neulandstraße, um »U 17« auf dem letzten Stück bis zum Ziel zu begleiten – ein unglaublicher Anblick! Und dann war es endlich so weit! Frieder Saam nahm die letzte Kurve, lenkte den 30-achsigen Tieflader auf das Museumsgelände und parkte »U 17« vor seinem zukünftigen Stellplatz. Die Menge jubelte, auf dem gesamten Areal herrschte Gänsehaut-Stimmung, ein absolut bewegender Moment, der unter die Haut ging! Das Team des Technik Museum dankte allen Beteiligten für die Unterstützung!

S 196
Technik Museen Sinsheim Speyer
AIR FRANCE
24H LE MANS

S 196
Technik Museen Sinsheim Speyer

Teil 3

Geschichten und Erlebnisse von U-Bootfahrern der Bundesmarine und der Deutschen Marine

S 196

David gegen Goliath

Eine Geschichte aus der Tiefe des Kalten Krieges

U 20 beim Tauchmanöver. (Foto: Royal Navy)

Auf den schwimmenden Einheiten der Deutschen Marine ist das »Ball Cap« heute nicht mehr weg zudenken und hat als Teil der Arbeitsbekleidung das traditionelle Schiffchen verdrängt. Obwohl die Deutschen mit Baseball nichts anfangen können, so scheint sich diese Mütze auch »an Land« als Freizeit-Kopfbedeckung durchgesetzt zu haben. Niemand dreht sich nach mir um, wenn ich mein Ball Cap mit der Aufschrift »**USS IOWA - BB 61**« beim Wandern im Ahrgebirge trage. Ich besitze einen regelrechten »Handvorrat« davon. Wie es dazu kam? Das ist eine längere Geschichte, die in der Hochzeit des Kalten Krieges 1985 spielt, deren Erzählfaden aber viel weiter zurückreicht. Eine heilige Kuh, schwimmende Ritterburgen, zwei Irokesen, ein Dinosaurier und eine Banane, die darin eine Rolle spielen, sind den Weg alles Endlichen gegangen oder dümpeln antriebslos in brackigem Wasser; Geheimnisse verrate ich nach nunmehr 26 Jahren nicht mehr, wenn ich Einblick in den Gefechtsablauf eines Ubootes der ***Klasse 206*** gewähre. Was ich über damals gültige Vorschriften und Verfahren des Bündnisses preisgebe ist im Internet nachzulesen.

Exercise OCEAN SAFARI '85

Die großen maritimen NATO-Manöver des Kalten Krieges, in denen das Concept of Maritime Operatios (CONMAROPS) mit ungeheurem Aufwand an Schiffen, Ubooten, Flugzeugen, Truppen und Material erprobt wurde, führten Namen wie **TEAM WORK**, **NORTHERN WEDDING** oder **OCEAN SAFARI**. Letzteres hatte die »Atlantic Lifelines Campaign« zum Schwerpunkt, d.h. den Schutz des Transports der alliierten Verstärkungen und des Nachschubs über den Atlantik. Meist ging es für BLUE in der ozeanischen Transitphase darum, sich der ORANGE Angriffe auf eigene Konvois und Flugzeugträgerkampfgruppen (CVBG) zu erwehren, bzw. es durch raumgreifende Operationen erst gar nicht dazu kommen zu lassen. **OCEAN SAFARI '85** war das bis dahin umfangreichste dieser Manöver mit über 160 Schiffen aus 10 Nationen.

In diesem großen Spiel standen die Unterseeboote ***U 20*** und ***U 24***, zusammen mit je zwei niederländischen und französischen Ubooten sowie dem britischen SSN (nuklear-angetriebenes Angriffs-Uboot) ***HMS TURBULENT***, auf der Seite des »Bösen«. Als ORANGE-Einheiten simulierten die deutschen Boote die konventionelle sowjetische ***TANGO-***

Klasse, hatten im Seegebiet nordwestlich der Hebriden jede Gelegenheit zum Angriff auf BLUE zu nutzen und den Gegner durch Versenkung möglichst von Hochwert-Einheiten zu schwächen. Als Kommandant von ***U 20*** brannte ich darauf, den Auftrag in die Tat umzusetzen. Leider stand uns als simulierte Bewaffnung nicht der eigene, drahtgelenkte DM2A1 »SEEAAL« zur Verfügung, sondern nur ein sowjetischer selbstsuchender Torpedo mit Kielwasserdetektor, was erheblich reduzierte Abschussentfernung und damit höheres Entdeckungsrisiko bedeutete. Mein Boot der ***Klasse 206*** war seit elf Jahren in Dienst und gehörte nicht zu den Einheiten, die für eine Kampfwertsteigerung zu 206A ausgewählt waren. Spötter bezeichneten ***U 20*** als »Banane«, weil dem Druckkörper nach dem Schneiden zum Tausch der Dieselmotoren beim zusammenschweißen eine geringfügige Krümmung im Millimeterbereich geblieben war. Bei gewissen Fahrtstufen entstanden so im Hinterschiff durch Resonanzschwingungen Eigenstörgeräusche, die im sensiblen achterlichen Sektor die Ortung erschweren konnten. Es gab also technisch bessere Plattformen in der Ubootflottille, aber dafür fuhr ich mit einer Besatzung, die sich nicht zu verstecken brauchte. Mein Vorgänger hatte beim Kommandantenwechsel ein Jahr zuvor nicht übertrieben, als er mich zu jedem Einzelnen meiner 21 Männer beglückwünschte.

Besatzung U 20, 1985. (Foto: Archiv Raimund Wallner)

U 20 hatte am Abend des 9. September getaucht den Pentland Firth zwischen Schottland und den Orkneys passiert, eine nicht nur navigatorisch, sondern auch taktisch fordernde Aufgabe, zumal die ***NIMROD***-Seefernaufklärer (Maritime Patrol Aircraft = MPA) der Royal Airforce eine äußerst lästige Präsenz aufgebaut hatten. Von Steuerbord, aus der Peilung der Reede von Scapa Flow, waren Sonargeräusche zu hören, die wir als SQS 21 und 1BV der deutschen ***LÜTJENS-*** bzw. ***HAMBURG-Klasse*** zuordneten. Am Folgetag kurz vor Mitternacht erreichten wir die Ostgrenze des Einsatzgebiets, das zwischen 58° und 59°N sowie 9° und 12°w einer Fläche der Größe von Rheinland-Pfalz entsprach - mit Wassertiefen bis zu 1.800 Metern, einer Sehrohrsicht von 5 Seemeilen, bei Südwind Stärke 3, Wellenhöhe 1,5 Meter und Atlantikdünung. DECCA war neben DECCA-Karten die einzige Funknavigationsmöglichkeit für Boote der ***Klasse 206***. GPS war Jahre entfernt. Die Decca-Karten endeten bei ca. 9°W. Es blieb nichts anderes übrig, als sich mit Bordmitteln zu helfen: Der Steuermann klebte Transparentpapier an den Rand der Karte und verlängerte die Hyperbeln freihändig mit kühnem Schwung in unser Einsatzgebiet. Ein leicht negativer Schallgeschwindigkeitsgradient bis 40 Meter versprach keine guten Horchreichweiten, würde aber auch den Schiffen die Aktiv-Ortung erschweren. Die darunter liegende, ausgeprägte Sprungschicht würde uns jedoch zumindest gegen Bugsonar gute Entweichmöglichkeiten bieten.

Die würden wir bald nutzen müssen, denn über Broadcast hatte uns der COMMANDER SUBMARINES ORANGE (COMSUBORANGE) in einer Feindmeldung (Form Black) informiert, dass der »Scapa Convoy«, bestehend aus dem deutschen Tanker ***RHÖN*** als »Main Body« sowie den Geleitschiffen ***MÖLDERS***, ***HESSEN*** und ***SCHLESWIG-HOLSTEIN*** möglicherweise im Verlauf des 11. September unser Gebiet passieren würde. Ich erwartete ihn aus dem Osten, aus Scapa Flow. Mit Dippern (Sonar tragende U-Jagd-Hubschrauber), dem ärgsten Feind des Ubootes, war nicht zu rechnen - leichte Beute, wenn der Konvoi uns den Gefallen tun würde, nicht vorzeitig abzudrehen. Als das Frühstück abgebackt war, machte sich in der Besatzung Jagdfieber breit. Der Seegang hatte im Morgengrauen zugenommen, Schaumkronen ringsum, ideale Bedingungen zum Schnorcheln. Jede Ampere stunde mehr in der Batterie würde unsere Beweglichkeit bei dem »Gemetzel« erhöhen, das ich im Konvoi anzurichten beabsichtigte. Die Heizer »jockelten« was das Zeug hielt. Beim »Ohrencheck«, wenn der untergeschnittene Schnorchel wieder die Oberfläche durchbrach und die hereinstürzende Luft die Trommelfelle strapazierte, wurde still gelitten, statt wie sonst auf den STO zu schimpfen. Das OPZ-Team hatte eine maximale Horchreichweite gegen Handelsschiffe von ca. 25.000 Yards ermittelt, die Sonaremissionen der Escorts jedoch würden den Konvoi auf die doppelte Entfernung verraten.

Erstes Gefecht

Die ersten Anzeichen des Verbandes kamen über die im Schnorchelkopf integrierte ESM-Antenne (Electronic Support Measure's; Radarwarngerät) mit gelegentlichen schwachen Radar-Einstrahlungen aus Osten. Das Schnorcheln brachen wir jedoch erst eine Stunde später ab und gingen auf Tiefe, als die ersten Aktiv-Sonargeräusche wahrnehmbar werden. Sie waren eindeutig den deutschen Zerstörern zuzuordnen, grob ermittelte Anfangsentfernung 40.000 Yards. Die Steuerei richtete das Local Operational Plot :(LOP) auf dem Koppeltisch ein, der Puster stand mit gespitzten Fettstiften, Bearing-RateRechenschieber und Kurvenlinealen bewaffnet am Time Bearing Plot (TBP). 09:40 Uhr war die Startzeit für das nun beginnende Angriffsverfahren, das ich schulmäßig abzuwickeln gedachte. Die Sprungschicht lag stabil bei 40 Metern, knapp darüber steuerte das Boot mit 4 Knoten auf bester Horchtiefe dem Geräuschknäuel des Konvois entgegen und ermittelte seine Main Line of Advance (MLA) bald mit 270°. Sie liefen uns direkt vor die Rohre! Nach weiteren 40 Minuten waren die Schraubengeräusche klar zu trennen und die Verbandsaufstellung war mit unseren passiven Methoden identifiziert: Die »heilige Kuh« ***MÖLDERS*** sicherte den nördlichen Sektor, eine ***HAMBURG-Klasse*** den südlichen, die zweite »schwimmende Ritterburg« (Marinejargon für die Klassen Z103 bzw. Z101) deckte nach achtern, in der Mitte dampfte die ***RHÖN***. Um 10:55 Uhr rief ich die Besatzung auf Gefechtsstation. Das geschah geräuschlos und professionell. In der OPZ wurde die Lage am GHA und den Plots übergeben, der I WO leitete nun das Attack-Team der »Funktionäre« in der OPZ, II WO (OLtzS G. sollte 16 Jahre später der letzte Kommandant MÖLDERS werden) und Torpedomeister an der Feuerleitanlage waren über BÜ mit dem Smarting am Rohrsatz verbunden, der STO als Tiefensteuerleiter war mit seinen Heizern in der Schiffstechnischen Zentrale auf Posten, der Smut sicherte seine Töpfe und Pfannen und stand als Bediener »Rohr 9« (Boldschleuse in der Toilette) bereit, denn wir würden mit Sicherheit bald grüne Sterne schießen.

Dann ging alles für Ubootverhältnisse sehr rasch: Die Sonaremissionen klangen nun ohrenbetäubend in unseren Empfängern. Um 11:10 Uhr plotteten wir den nördlichen Escort ***MÖLDERS*** mit Abstand 6.000 Yards, den südlichen, wahrscheinlich ***HESSEN***, mit 4.000 Yards, beide patrouillierten mit maximaler Sonargeschwindigkeit von ca. 20 Knoten auf wechselnden Kursen ihre Screen Sektoren. Ihr Verhalten und die von uns angenommene Reichweite für aktives Bugsonar ließ vermuten,' dass sie ***U 20*** noch nicht geortet hatten. Ich blieb auf 35 Metern und ging mit 8 Knoten auf Einbruchskurs, um den Lagewinkel des ersten Zieles, ***HESSEN***, nicht weiter anwachsen zu lassen. Plötzlich wanderte die Peilung schnell nach rechts, um 11:20 Uhr befahl ich Sehrohrtiefe. Ausgerichtet auf die Zielpeilung durchbrach das Periskop die rauhe See, ich bestätigte ***HESSEN*** mit Kursänderung auf Bug rechts, Lage 60, auf Südkurs, Abstand 1.500 Yards, schneller Rundblick, ***MOELDERS***, auch auf Südkurs, noch 4.000 Yards entfernt, Sehrohr ein. Um 11:21 Uhr nach kurzer Überprüfung der Zieldaten »Rohr 9 los«, grüner Stern auf ***HESSEN*** im Glosest Point of Approach (CPA), um 11:29 Uhr Zielwechsel und Schuss auf ***MOELDERS***, ebenfalls im CPA, Abstand 2.000 Yards.

Nun kam es darauf an zu entweichen, aber trotzdem das Hauptziel, die ***RHÖN***, nicht aus den Augen zu verlieren. Die Zerstörer hatten zwar die grünen Sterne gesehen, scherten sich aber nicht darum, obwohl es dort oben realistischerweise jetzt angebracht wäre, die Bergerolle zu üben ... Wütend zirpten ihre Sonare, die 1 BV der ***HESSEN*** in schneller Pulsfolge, aber es kamen keine Angriffssignale - sie haben uns immer noch nicht! ***U 20*** geht schnell auf 50 Meter. Der Tanker war so nah, dass er auch durch die Sprungschicht gut zu plotten war - um 11:38 Uhr stand die Feuerleitlösung auf ***RHÖN***, der Smut löste auf meinen Befehl den dritten grünen Stern aus der Tiefe - mit 11.000 Tonnen ein lohnendes Ziel. Die ***SCHLESWIG-HOLSTEIN*** ließen wir gnädigst entkommen. Jetzt galt es Fersengeld zu geben, denn das leistungsfähige ***SQS 21*** der ***MÖLDERS*** war durchaus in der Lage uns zu orten, wenn wir nicht taktisch geschickt manövrierten. ***U 20*** schraubte sich mit Hartruderlage spiralförmig auf 100 Meter und hinterließ so einen Wirbel - in der Sprache der Ujäger »*Knuckle*« - der sich einige Zeit als Falschziel im Wasser hielt. Darunter liefen wir mit Höchstfahrt 17 Knoten ab und zeigten ***MÖLDERS*** die schmale achterliche Silhouette. Zwischenzeitliches Driften zum Horchen bestätigte, dass die Geräusche des Konvois

Zerstörer der Hamburg-Klasse im Seerohr. (Foto: Archiv Raimund Wallner)

sich entfernten, nur das Sonar von ***MÖLDERS*** blieb dominant. Als ich nach 30 Minuten auf Sehrohrtiefe kam, lief der Zerstörer am Rand der Sichtweite geringe Fahrt mit Bug links, quer zur Peilung. Die anderen Einheiten waren nicht mehr zu sehen. Rasch ging U 20 wieder unter die Sprungschicht und lief weiter ab. Ich war nun ganz sicher, nicht geortet worden zu sein. Der Spruch des **COMSUBORANGE** bestätigte später, dass wir den Scapa Convoy eliminiert hatten. Im Spiel erhielt er ein »zweites Leben«, um am Folgetag auch ***HMS TURBULENT*** weiter draußen im Atlantik vor die Rohre zu laufen.

Vom Jäger zum Gejagten

Nun galt es, nicht in Erfolgseuphorie zu verfallen, sondern auf der Hut zu sein. Wir hatten durch die simulierte Versenkung unsere Anwesenheit gezeigt und so ein »FLAMING DATUM« produziert. Darüber hinaus hatten wir durch die Übungskünstlichkeit beim Absetzen unseres »Attack Report« über Funk fünf Stunden nach dem Gefecht dem Gegner eine Einpeilmöglichkeit geboten - High Frequency Direction Finding (HF/DF) war inzwischen erheblich leistungsfähiger als im Zweiten Weltkrieg. Mit Sicherheit würde deshalb eine Ujagdgruppe - im NATO-Jargon martialisch »Hunter-Killer Group« genannt - unterstützt durch MPA, innerhalb der nächsten Stunden zur Gefahr werden. Die Schonzeit galt es erneut zum Schnorcheln zu nutzen, um die im Gefecht »verbratenen Amperemuckels«, wie die Heizer sagten, zu ersetzen. Dann lief ***U 20*** mit nordwestlichem Kurs auf Tiefe einem neuen, weit größeren Abenteuer entgegen.

In dieser Richtung, 60 Seemeilen von ***U 20*** entfernt, war für den Zeitpunkt unseres Angriffs auf den Scapa Convoy die amerikanische CVBG um ***USS AMERICA*** mit dem eingeschifften **COMSTRIKFLTLANT** (NATO-Befehlshaber Striking Fleet Atlantic; bis 2005), Vizeadmiral Mustin und die Schlachtschiffgruppe (BBBG) um ***USS IOWA*** gemeldet worden. Das erfuhren wir jedoch erst um 20:00 Uhr in einer Form Black, viel zu spät, um mit unserer geringen Vormarschgeschwindigkeit noch mit Beute rechnen zu können, wenn wir dort ankämen. Aber ich hatte eine andere Hoffnung: Die Manöverparteien BLUE und ORANGE besaßen selbstverständlich keine Kenntnis von der jeweiligen Exercise Operation Order (EXOPORD), dem Operationsbefehl. Aber in der »White EXOPORD« (Allgemeiner Teil des Übungsbefehls), die für beide Seiten galt, waren u.a. die Sicherheitsbestimmungen abgedruckt. Dem I WO war bei deren Lektüre aufgefallen, dass am Folgetag, dem 12. September, ab 06:00 Uhr ein **ASMD-Window** (Zeitfenster für Übung zur Raketenabwehr) um die Position 59°N - 10°W eingerichtet war, für Übungsschießen mit kleinkalibrigen **Close-In Weapon Systems** (CIWS), aber auch für großkalibrige Artillerie. Wer, wenn nicht die Überwasserschiffe der USCVBG und BBBG sollten sich dort versammeln - Hochwert-Einheiten im Sinne meines Kampfauftrags! Obenan auf der Liste stand ein kolossales Ziel: Schlachtschiff ***USS IOWA***, einer der letzten Dinosaurier der Meere, geschützt von der BBBG, bestehend aus den modernsten Überwasserkampfschiffen der US Navy. Dieses Schiff aufzuspüren würde ein ebenso kolossales Glück erfordern und auf einen erfolgreichen Angriff zu hoffen grenzte an Vermessenheit.

Zum Mittelwächter hatte unser Smut (ein ehemaliger schleswig-holsteinischer Jugendmeister im Kochen) »Flinsen« gebraten, so nannten wir die köstlichen Eierpfannkuchen, und das Boot war derart verräuchert, dass nur Schnorcheln dem Qualm Abhilfe schaffen konnte. So lüfteten wir ordentlich durch und führten der Fahrbatterie reichlich Amperestunden zu. Als ich gegen 01 :00 Uhr eben in das Nachtbefehlsbuch den vermessenen Satz geschrieben hatte *»Heute ist IOWA-Tag«*, da schrie der II WO am Sehrohr *»Alarm«*. Schlagartig schloss die Schnorchelklappe, die Diesel stoppten - ich war wie der Blitz in der OPZ - und nach wenigen Sekunden meldete der STO tauchklar. *»MPA im ESM«* hörte ich und befahl, schnell auf 100 Meter zu gehen. Sollte die Strafe für meine Vermessenheit nun auf dem Fuße folgen? Mit 40° Vorlastigkeit ging es ab *»in den Keller«*. Kaum auf ebenem Kiel, da fassten wir achteraus auch schon die 20 KHz-Pings der aktiven Sonobojen auf, die uns die britische ***NIMROD*** *»auf's Dach«* geworfen hatte, ziemlich genau dort, wo sie unseren Schnorchel mit Radar detektiert haben musste. Kurz vor dem Wegtauchen glaubte der II WO beim letzten Sehrohrblick auch noch einen Suchscheinwerfer des tieffliegenden UJägers gesehen zu haben. Ich befahl Kursänderung und 15 Knoten. Jetzt half nur Geschwindigkeit, um schnell aus dem begrenzten Ortungsradius der Bojen zu gelangen und den Kontakt zu brechen, bevor weitere Aktivbojen folgen würden. So machte sich das vorsorgliche Schnorcheln erneut bezahlt. Nach 15 Minuten hoch auf 40 Meter über die Sprungschicht, Kursänderung und dann Schleichfahrt, um auch passiven Bojen zu entkommen. Das war gelungen, wie sich später in der Manöverauswertung herausstellen sollte.

Doch es war noch nicht überstanden. Kaum schien die MPA abgeschüttelt, da meldete der Sonarmeister 8 KHz-Einstrahlungen aus 360°, CW-Impuls, vermutlich tiefenvariables Schleppsonar (VDS) vom Typ ***SQS 505***, das auf die hubschraubertragenden Zerstörer (DDH) der kanadischen ***IROQUOIS-Klasse*** hindeutete. Zehn Minuten später ein zweiter Pinger desselben Typs im Osten. Entsprechende Schraubengeräusche bestätigten die Klassifizierung. Da waren sie, die »Hunter-Killer«, von der MPA auf uns angesetzt. Jetzt war an Schlaf für den Kommandanten nicht mehr zu denken, denn alle taktischen Finessen galt es nun aufzubieten, um eine Erstortung zu vermeiden, die unweigerlich zum Einsatz der gefährlichen Dipper - in diesem Fall ***Sea King***-Helikoptern - geführt hätte. Die Erfahrung, dass die Alliierten immer wieder die enorme Beweglichkeit und Unterwasserausdauer unserer kleinen Uboote unterschätzten, bestätigte sich auch hier. Ich hatte für zwei Stunden Höchstfahrt in Reserve, konnte mich also - wenn es sein musste - in dieser Zeit über 30 Seemeilen vom DATUM entfernen. Kein anderes konventionelles Boot des Bündnisses war dazu in der Lage. In dieser Nacht genügten zwei kurze Sprintphasen, mehrere Kursänderungen und Ausnutzung der Sprungschicht - wir brauchten uns nicht völlig zu verausgaben. Dass die Dipper offensichtlich an Deck blieben, war ein gutes Zeichen. Nach knapp anderthalb Stunden zogen sich die beiden DDH zurück, sicher im Glauben uns abgedrängt und damit vom **ASMD-Window** ferngehalten zu haben. Darin täuschten sie sich. Um 6:00 Uhr morgens wagten wir ein erneutes Schnorcheln und bewegten uns auf das Zentrum des Schießgebietes zu.

Goliath

Die Schlachtschiffe der ***IOWA-Klasse***, 1940 auf Kiel gelegt, waren mit ihren 58.000 Tonnen Einsatzverdrängung und ihren drei 16 Zoll Drillingstürmen die amerikanische Antwort auf den Stolz der Achsenmächte, ***BISMARCK***, ***TIRPITZ***, ***YAMATO*** und ***MUSASHI***. Als das Typschiff 1943 der Flotte zulief, hatte der Seekrieg in beiden Hemisphären längst gezeigt, wie obsolet Schlachtschiffe waren. Dennoch erfüllte die ***USS IOWA*** in ihrem langen Leben bedeutende Missionen, angefangen im Herbst des Indienststellungsjahres, als sie Präsident Roosevelt sicher nach Casablanca und wieder zurück brachte. Auf dem pazifischen Kriegsschauplatz war sie dann überwiegend als Geleit für die Träger eingesetzt und leistete mit ihren 40,6 cm Granaten beim Inselspringen »gewichtige« Beiträge. So wird auch mein japanischer Schwiegervater, Kompaniechef in der Schlacht von Peleliu, an jenem 17. September 1944 in seinem Höhlenbunker Deckung gesucht haben, als die ***USS IOWA*** mit ihren gewaltigen Projektilen, wovon jedes einzelne mit der verheerenden Wirkung einer schweren Fliegerbombe einschlug, die Insel unter Beschuss nahm.

Als sie 1984, sechzehn Monate vor ihrem Einsatz bei **OCEAN SAFARI**, nach 26 Jahren im Reservestatus zum dritten Mal in Dienst gestellt wurde, waren an modernen Waffen TOMAHAWK-Marschflugkörper, HARPOON-Seezielflugkörper und PHALANX-CIWS hinzugekommen. Von den einst über 2.000 Mann Besatzung genügten jetzt 1.560, um mit dem 271 Meter langen Giganten zu fahren und zu kämpfen. Acht Kessel brachten 212.000 PS auf die vier Wellen, genug für 33 Knoten Höchstfahrt.

Um 10:15 Uhr enthielt die Programmzeit einen **MARINTREP** (Nachrichtendienstliche Information) des **COMSUBORANGE**, wonach die ***USS IOWA*** vor zwei Stunden 40 Seemeilen westlich von uns stand und am Nachmittag Artillerieschießen durchführen würde. Wir hatten richtig kalkuliert! Der Sonarmeister selbst saß jetzt an der GHA und analysierte auf bester minutiös jede Geräuschpeilung - doch es waren nur Einschraubenfahrzeuge zu hören, Handelsschiffe, die über 10 Seemeilen entfernt in den Atlantik hinaus dampften. Dann, um 10:40 Uhr, ein schwacher Kontakt, der mit mindestens zwei Wellen lief. Ich ging auf Sehrohrtiefe um ihn zu identifizieren. Der Anblick trieb mir Schauer über

IOWA's Breitseite bei Bornholm, US BALTOPS, Okt. 1985. (Foto: US Navy)

den Rücken. Was sich da mit den Aufbauten soeben über die Wellenkämme hob und auf uns zukam, war der »Battle Wagon« (Schlachtschiff). Ich maß ihn ein: Bug rechts, Lage 20, Abstand 10.000 Yards. Ein typischer Effekt, wie er auch bei großen und lauten Handelsschiffen zu beobachten war, hatte uns akustisch getäuscht: Der gewaltige Schiffskörper verdeckte durch die spitze Lage die Propeller, die Schraubengeräusche wurden in Vorausrichtung gedämpft. Keine Escorts, keine Sonarausstrahlungen weit und breit- David hatte Goliath quasi auf dem Präsentierteller.

»Besatzung auf Gefechtsstation!« Schnell war die Gegnerfahrt mit 18 Knoten ermittelt. Ich ließ 35 Meter steuern und näherte mich mit 9 Knoten auf Einbruchskurs, um die ***USS IOWA*** in stehender Peilung zu hal-

ten. Als die Feuerleitlösung verfügbar war, ging ich für einen letzten Zieldatenabgleich auf Sehrohrtiefe und beobachtete eine Kursänderung um 20° nach Backbord. *»Bug rechts, Lage 40, 18 Knoten, Abstand 6.000 Yards, Rohr 9 los!«* Steil stieg um 11:06 Uhr unser grüner Stern in den Himmel. ***IOWA*** zeigte keine Reaktion und lief stur geradeaus. War das Ignoranz oder Ahnungslosigkeit? Zehn Minuten später hatte sich der Abstand auf 4.000 Yards verringert, der Smut feuerte auf Befehl als erneutes Angriffssignal den zweiten grünen Stern, dann gingen wir auf 60 Meter und liefen für 30 Minuten Höchstfahrt, die ***USS IOWA*** in stehender Peilung haltend. Die vier mahlenden Propeller waren auch mit unseren 17 Knoten akustisch gut zu orten. Das Ziel zackte jetzt um einen Grundkurs von 075°. Das OPZ-Team arbeitete präzise, die Heizer opferten willig ihre »Ampèremuckels«, auf unsere »Banane« war Verlass. Als sich der Abstand auf 1.000 Yards verringert hatte, lösten wir aus der Tiefe den dritten grünen Stern. Daraufhin drehte das riesige Schiff über Steuerbord um fast 90° in die vermutete Torpedopeilung auf uns zu und darüber hinaus - wechselte damit relativ zu uns auf Bug links - eine klassische Torpedo-Gegenmaßnahme. Als sich der CPA bei errechnet 500 Yards anbahnte, entschied ich mich zu einem gewagten Manöver: Ich ging auf Gegenkurs zur ***USS IOWA*** schnell auf Sehrohrtiefe, um an der Präsenz von ***U 20*** auch optisch keinen Zweifel mehr zu lassen. Vorsicht war bei allem Adrenalin geboten - das Schiff hatte einen Tiefgang von 11 Metern! Als der Periskopkopf freikam, fand ich die errechneten Werte bestätigt. Erleichtert schoß ich einige Sehrohrfotos.

USS IOWA, OCEAN SAFARI, 12.09.1985 im Sehrohr von U 20.
(Foto: Archiv Raimund Wallner)

Ich ließ den Schnorchel, in den das zweite Sehrohr integriert war, ausfahren und gab es frei für die Besatzung - jeder durfte für einige Sekunden diesen spektakulären Anblick in sich aufnehmen. Dann befahl ich höher zu steuern und den Turm soweit über die Wasserlinie zu ziehen, dass unsere NATO-Nummer »***S 199***« frei kam. Drüben auf der ***USS IOWA*** gab es einen Menschenauflauf an Backbordseite. Mit sechsfacher Vergrößerung waren die Gesichter unter den Ball Caps deutlich erkennbar. Auch der Kommandant war darunter - als einziger mit khakifarbener Schirmmütze - und beobachtete von der Brückennock durch das Glas, was von ***U 20*** sichtbar war.

Nachspiel

Als wir kurz darauf - Punkt 12:00 Uhr, nach 80 Minuten auf Gefechtsstation - wegtauchten und mit hoher Fahrt unter der Sprungschicht abliefen, gab es ein verspätetes Backen und Banken. Anders als sonst flogen danach nicht sofort die Klappkojen hoch, sondern die Freiwache saß noch lange beisammen und »beschnackte« das Erlebte. Dass uns bald wieder eine Hunter-Killer Gruppe nachsetzte, aus der wir den kanadischen DDH ***ATHABASKAN*** »versenkten«, dass wir die ***USS IOWA*** in der folgenden Nacht noch ein Mal angriffen, dass wir im Anschlussmanöver »**ROLLING DEEP**« erneut Schrecken verbreiten konnten ohne selbst »vernichtet« zu werden, all das verblasste hinter dem Erlebnis dieser 80 Minuten.

Am nächsten Tag bestätigte ein »Attack Report Summary« der Manöverleitung, dass die ***USS IOWA*** zwei Mal von ***U 20*** versenkt worden sei. Damit war es amtlich! Der Puster an seiner Olympia-Schreibmaschine tippte dann anhand meiner Notizen die Dokumentation des Manövers in das vorgeschriebene NATO-Format - fünffach. Unter dem Passus »Conclusions and Recommendations« lautete die Bewertung: *»Für ein konventionelles Uboot - natürlich durch stürmisches Wetter im Vorteil - war es das ganze Manöver hindurch ein Leichtes anzugreifen und ohne Blessuren davonzukommen. Die NATO sollte in einer Übung diesen Ausmaßes besser in der Lage sein zu demonstrieren, dass sie der Ubootbedrohung effizient begegnen kann. Wir waren nur ein halbes Dutzend in den NWAPPS und SWAPPS; was wäre geschehen, wenn ...«* Etwas naseweis aus heutiger Sicht eines abgeklärten Lehnstuhlstrategen, aber so waren wir Ubootkommandanten nun mal. Auf dem Heimwärtstransit durch die Nordsee erreichte uns am 20. September im Seegebiet »Teufelsloch« der letzte Spruch des **COMSUBORANGE**: *»U 20 has seen much action in the war. The Orange Motherland is proud of you. Well done comrades«.*

Abordnung der Besatzung U 20 an Bord USS IOWA, Kiel 24.10.1985. (Foto: Archiv Raimund Wallner)

Mit dem Befehlshaber der Flotte, Vizeadmiral »Jimmy« Mann, und seiner Delegation flog ich am 26. September zur Post Exercise Discussion (PXD; Konferenz zur Manövernachbereitung) **OCEAN SAFARI '85** nach Portsmouth und hatte dort Gelegenheit, den Kommandanten der ***USS IOWA***, Captain Gneckow, persönlieh zu sprechen. Mein Geschenk, das gerahmte Sehrohrphoto seines Schiffes, akzeptierte er, doch statt mir zu danken meinte er trocken: *»I think I'll bury it at the bottom of my chest.« - »Ich glaube, das vergrabe ich ganz unten in meiner Seekiste.«* Dann vergaß er aber nicht, die Besatzung ***U 20*** auf die ***USS IOWA*** einzuladen, in knapp vier Wochen in Kiel.

Mit einer Abordnung folgten wir am 24. Oktober der Einladung auf den vor dem Tirpitzhafen ankernden »Battle Wagon« und wurden durch den Ersten Offizier wahrgenommen. Jeder von uns erhielt ein ***IOWA***-Ball Cap zum Andenken. Da ich mit meiner fünfköpfigen Familie erschienen war, blieb mir bis heute ein »Handvorrat«.

Wenn es dort, wo die Seele von Oberleutnant Yamaguchi sich aufhält, noch menschliche Regungen gibt, dann dürfte sie über die »friedliche Rache«, die der Kalte Krieg zuließ, ganz sanft gelächelt haben ...

Raimund Wallner
(1985: Kommandant U 20)

Die Kapitel »David gegen Goliath« und »Im Kielwasser des Christoph Kolumbus« stammen aus dem Buch: Wir fuhren 205/206. Erlebnisberichte deutscher Ubootfahrer 1960–2010, herausgegeben durch den Verband Deutscher Ubootfahrer e.V. (VDU). ISBN: 978-3-813-21105-4. Der Abdruck erfolgte mit freundlicher Genehmigung. Rechtschreibung und Notation orientieren sich an dieser Originalausgabe.

Im Kielwasser des Christoph Kolumbus

Im Zeitraum vom 1. April bis zum 5. August 1997 führte eine bis zu diesem Zeitpunkt in der Geschichte der deutschen Uboote einmalige **AAG 408/97** zwei Boote der ***Klasse 206A*** in die Karibik und an die Ostküste der Vereinigten Staaten von Amerika. Mit ***U 17*** (S 196) und ***U 26*** (S 175) operierten damit erstmals nach Ende des Zweiten Weltkrieges und gar 81 Jahre nach dem letzten Besuch eines unter deutscher Flagge fahrenden Ubootes in den USA (Handelsunterseeboot ***Deutschland*** am 9. Juli 1916 in Baltimore) wieder deutsche Uboote im Westatlantik. Auf dieser 128-tägigen, meist getauchten Fahrt legten beide Uboote jeweils mehr als 12.000 Seemeilen zurück, absolvierten ein anspruchsvolles Übungsprogramm und führten sieben Hafenbesuche in sechs Städten durch. Höhepunkte dieses Unternehmens waren für beide Besatzungen unbestritten die Übungen mit den beiden nukleargetriebenen UJagd-Ubooten der Los Angeles-Klasse, ***USS Augusta*** (SSN-710) und ***USS Memphis*** (SSN-691), sowie insbesondere der Besuch in New York während des amerikanischen Unabhängigkeitstages.

Vorgeschichte – Neue Aufgaben und Einsatzgebiete für die deutschen Uboote

AFOST – ein Aufklärungseinsatz mit einem Uboot der ***Klasse 206*** Anfang der 1980er-Jahre. 14 Tage Schleichfahrt, Geräuschdisziplin und Zieldatenermittlung auf nur spärlich sich zeigende UJagd-Korvetten der Sowjetunion vor der Küste des Oblast Kaliningrad. Langeweile pur für die Besatzung. In der Backbord-Wache träumte man davon, was man alles mit dem Boot erleben könnte, wenn man denn dürfte. Der II WO stellte seiner Wache die Aufgabe, zu prüfen, ob man über den Atlantik fahren und vor der US-Küste operieren könne. Beschäftigungstherapie. Routenplanung durch den Steuermann mit der D1, dem Verzeichnis der Seekarten, in dem maßstabsgerecht Bereiche abgebildet waren, deren Karten nicht im Stell der Boote waren. Reichweitenberechnung durch den Mot-Meister unter der Fragestellung, in welcher Fahrstufe das Boot am wenigsten bei gleichzeitig maximalem Vortrieb verbraucht. Welche Schnorchelzeiten und welche Schnorchelfahrt sind erforderlich? Wieviel Kraftstoff braucht man, und wie muss der Ballast aussehen? Irgendwann war das ganze Boot von der Idee infiziert und plante. Die langweiligen Wachen vergingen wie im Fluge. Der II WO sammelte die Aufzeichnungen.

10 Jahre später: Mit dem Zusammenbruch der Sowjetunion und der Auflösung des Warschauer Paktes endete der Kalte Krieg und damit eine Ära, in der die Unterseeboote der ***Klasse 206A*** vor allem in der Ostsee und den Ostseezugängen operiert hatten, um dort im Kriegsfall vornehmlich gegnerische Landungsverbände zu bekämpfen und Minensperren zu legen. Als Folge dieser historischen Zäsur erweiterten sich schlagartig Aufgabenspektrum und Einsatzgebiete unserer Uboote. Neben der Bekämpfung von Überwasserstreitkräften rückten nunmehr auch die Aufgaben der Seeraumüberwachung und der UJagd zunehmend in den Mittelpunkt. Um diese Aufgaben zu üben, mussten die Übungs- und Einsatzgebiete angepasst werden. Denn erstens hatten die Aktivitäten von Seestreitkräften des ehemaligen Warschauer Paktes nach Ende des Kalten Krieges in der Ostsee stark abgenommen; hier konnte man nur noch in geringem Maße positive Ausbildungseffekte erzielen. Zweitens gewannen für die NATO-Mitgliedstaaten Einsätze im Rahmen friedenserhaltender Maßnahmen immer mehr an Bedeutung. Diese banden zum einen die Seestreitkräfte unserer Partner in starkem Maße, sie konnten nur noch in geringem Umfang Einheiten für Übungen vor unserer eigenen Haustür abstellen. Zum anderen realisierten unsere Bündnispartner sehr schnell, dass ihre Seestreitkräfte bei diesen Operationen (bspw. bei der Embargo-Operation **SHARP GUARD** gegen das ehemalige Jugoslawien) UJagd-Fähigkeiten einbüßen würden, wenn nicht adäquate Übungspartner in Nähe ihrer Einsatzgebiete zur Verfügung stünden. Daher baten sie solche Staaten mit kleinen, wendigen und leisen konventionellen Ubooten, diese als „Sparringspartner" in die entsprechenden Seegebiete zu entsenden. So entwickelte sich zunächst das Mittelmeer zu einem neuen Einsatzgebiet der Deutschen Marine.

Einsätze im Mittelmeer werden zur Routine

Nachdem ***U 29*** bereits 1979 eine Mittelmeerreise unternommen hatte und damals bei einem Übungsschießen vor Kreta den ehemaligen Zerstörer ***Z1*** versenkt hatte, war es wieder ***U 29***, das vom 30. April bis zum 30. Juni 1993 nunmehr die logistischen Abstützmöglichkeiten in verschiedenen Mittelmeerhäfen für künftige Einsätze von Einheiten der Ubootflottille auslotete und bei dieser Ausbildungsfahrt die Kontakte zu Anrainer-Marinen und zur US Navy vertiefte. So wurde während dieses Unternehmens zwischen der US Navy und der Deutschen Marine die erste bilaterale UJagd-Übung vereinbart, an der seitens der US Navy die nukleargetriebene ***USS Trepang*** (SSN-674, Sturgeon-Klasse) teilnahm. Erstmals in der Geschichte wurden bei diesem als Vorreiter der späteren **VERITAS**-Übungsserie geltenden deutsch-amerikanischen Ausbildungsvorhaben gegenseitig Beobachter ausgetauscht – mit Wolfgang Müller-Seedorf, einem der Co-Autoren dieses Buchbeitrags, als erstem „Searider" auf einem SSN der US Navy überhaupt.

Nach dieser zweimonatigen „Fact Finding“-Mission von ***U 29*** wurden Uboote der ***Klasse 206A*** regelmäßig an Einsätzen und Übungen im Mittelmeer beteiligt, so beispielsweise ***U 24*** und ***U 26*** im Jahr 1994. Ihre operative Hauptaufgabe bestand darin, als Element der NATO Task Group 440.03 den in die NATO-Operationen verlegenden bzw. die NATO-Operationen verlassenden Überwassereinheiten als Übungspartner für die UJagd zur Verfügung zu stehen. Darüber hinaus sollten aus deutscher Sicht bei diesen Einsätze Erfahrungen für die nächste Generation von Booten gewonnen werden. Hierbei ging es neben logistischen Aspekten insbesondere um die künftig erforderlichen Fähigkeiten in den Bereichen Kommunikation und Aufklärung, aber darüber hinaus sollten mit Blick auf künftige Langzeiteinsätze auch Erfahrungen zum Mehrbesatzungsprinzip gesammelt werden.

Planungen für ein erstes Deployment im Westatlantik

In der Planungsweisung des Flottenkommandos für das Jahr 1995 fand sich die intensive Forderung der Vereinigten Staaten nach Besuchen deutscher Einheiten in den amerikanischen Häfen der Ostküste wieder. Durch den Einsatz der deutschen Überwassereinheiten im Mittelmeer war auch hier ein Vakuum entstanden. Der Einsatzplaner der Ubootflottille griff auf Unterlagen aus seiner II WO-Zeit zurück und schlug eine AAG in die Karibik vor. Der damalige Kommandeur der Ubootflottille KptzS Kurt P. war wenig zimperlich und warf den Vorschlagenden im hohen Bogen aus dem Büro. Blödsinn – das geht nicht!

Aufnäher AAG 408/97. (Foto: Archiv Autoren)

Ruhigere Phasen im Lagezimmer der Flottille wurden genutzt, um aus den fliegenden Blättern des Jahres 1982 einen auf aktuellen Seehandbüchern, Karten und Erfahrungsberichten der Überwasserfahrer basierenden Lagevortrag zu erarbeiten. Weitere Erkenntnisse – wie die im Mittelmeer gewonnene Erfahrungen zur Durchhaltefähigkeit der Technik bei hohen Temperaturen und hoher Luftfeuchtigkeit sowie zur Belastung einer Uboot-Besatzung unter extremen klimatischen Bedingungen im Langzeiteinsatz – wurden zur Argumentation herangezogen. Den offiziellen Segen erhielten diese Planungen, als der bis dahin ablehnende Kommandeur von seiner künftigen Versetzung nach Norfolk/Virginia erfuhr. Der Langzeiteinsatz in die Karibik und an die Ostküste der USA wurde für das Jahr 1997 befohlen.

Unter Berücksichtigung der Eisbergsaison und -routen, der Hurrikan-Saison und des Kraftstoff- und Frischwasserverbrauchs wurden zunächst Streckenführung und Zeitraum der Ausbildungsfahrt festgelegt, anschließend die teilnehmenden Einheiten auf Grundlage ihrer Einsatzfähigkeit ausgewählt und letztlich mit den operativen und logistischen Vorbereitungen begonnen. Bereits frühzeitig wurde entschieden, dass die beiden ausgewählten Uboote ***U 17*** und ***U 26*** vom Versorger ***Meersburg*** (A-1418) begleitet werden sollten. Die Teilnahme der ***Meersburg*** an diesem Vorhaben bot den Vorteil, dass in großem Umfang Ersatzteile für die Uboote mitgeführt und die für die Hafenaufenthalte notwendigen Uniformen und persönliche Bekleidung der Ubootfahrer eingelagert werden konnten. Die bei derartigen Einsätzen durch das BMVg geforderte (zahn-)medizinische und operative Versorgung der Uboot-Besatzungen konnte durch eingeschifftes Sanitätspersonal sichergestellt werden und der eingeschiffte Verbandsstab garantierte in begrenztem Maße personelle Ressourcen für mögliche Ausfälle von Besatzungsmitgliedern der Uboote. Darüber hinaus konnte die ***Meersburg*** auch die erforderliche Basis für Repräsentationseinladungen und Empfänge sicherstellen.

„Leinen los!“

Nach umfangreichen Manövervorbereitungen und nach Abschluss der Ausrüstung der Uboote für diesen Langzeiteinsatz verabschiedete der damalige Kommandeur des Ausbildungszentrums Uboote und erster Verbandsführer der AAG 408/97 – SUBEX ´97, Fregattenkapitän Andreas Krause (heute Vizeadmiral und Inspekteur der Marine), am 1. April 1997 in Anwesenheit zahlreicher Familienangehöriger und Kameraden des 3. Ubootgeschwaders die beiden Besatzungen aus Eckernförde. In seiner Rede betonte er, dass diese Fahrt ganz besondere Anforderungen an die Besatzungen und das Material stellen würde. Entschädigt würden die Soldaten durch das Bewusstsein, dass sie die ersten Ubootfahrer der Deutschen Marine seien, die den Atlantik durchquerten. Wörtlich sagte er: „Davon werden Sie noch Ihren Kindern erzählen!“

Der Versorger ***Meersburg*** unter seinem Kommandanten, Kapitänleutnant Malte Trapp, verließ zwei Tage später seinen Heimathafen Kiel und traf wenige Tage später mit den Ubooten in der Biskaya zusammen. Für die Verbandsführung und die beiden Uboot-Kommandanten, Korvettenkapitän Achim Zaouer (***U 26***) und Kapitänleutnant Wolfgang Müller-Seedorf (***U 17***), hieß es von diesem Zeitpunkt an für den Rest der ersten Etappe nach Ponta Delgada auf den Azoren, die Besatzungen zusammen zu schweißen und hierbei das aufgrund von Fehlstellen für diese Fahrt eingeschiffte Personal zu integrieren sowie den Ausbildungsstand der Besatzungen weiter zu verbessern. So stand der schiffs- und tauchtechnische Gefechtsdienst mit häufigen Brand- und Leckabwehrübungen mehrmals täglich auf der Tagesordnung. Abwechslung zu den jeweils mit dem Ausruf „Zur Übung – Feuer im ...“ oder „Zur Übung – Wassereinbruch in ...“ beginnenden

Turm-Maling U 17 zur Erinnerung an die AAG 408/97. (Foto: Archiv Autoren)

Übungen brachten auf dem weiteren Transit zu den Azoren sogenannte Combined Anti-Submarine Exercises (CASEX) mit französischen, spanischen und portugiesischen UJagd-Flugzeugen sowie mit dem französischen Atom-Uboot ***FS Émeraude*** (S-604, Rubis-Klasse). Nach elf Tagen Transit erreichten die Uboote am 12. April 1997 Ponta Delgada. Im Mittelpunkt dieses dreitägigen Hafenaufenthaltes standen hier natürlich die Aufstockung der Verpflegungsbestände, die obligatorische Kraftstoff¬übernahme und bei ***U 26*** insbesondere die Durchführung erforderlicher Instandsetzungen.

Tauchfahrt quer über den Atlantik – Kurs Puerto Rico

Während des Hafenaufenthaltes in Ponta Delgada hatte sich im Seegebiet um die Azoren herum ein starkes Orkantief entwickelt. Bemühungen der Verbandsführung, beim portugiesischen Regionalbefehlshaber für die Transitphase direkt nach Auslaufen bis zum Verlassen der portugiesischen Territorialgewässer wegen der extremen Seegangsverhältnisse eine Tauchgenehmigung zu erwirken, schlugen fehl; der Befehlshaber war wohl beim Golfspielen und nicht erreichbar. Während ***U 26*** aufgrund der noch nicht abgeschlossenen Instandsetzungen seinen Hafenaufenthalt verlängern musste und zusammen mit der ***Meersburg*** noch in Ponta Delgada verblieb, musste ***U 17*** „in den sauren Apfel beißen“ und am 15. April 1997 die Azoren verlassen. Mit Passieren der Molenköpfe begann für das Boot bei 11 bis 12 m hoher See für einige Stunden ein äußerst rauer Ritt, den keiner der Besatzungsangehörigen bis heute vergessen haben dürfte. Bei einer extremen Backbord-Neigung von 70 Grad flogen sogar sämtliche angeblich bruchfeste Tassen aus ihren Halterungen; für die weitere Fahrt bis zum ersten Rendezvous mit der ***Meersburg*** standen der Besatzung nur noch drei intakte Tassen zur Verfügung. Nachdem endlich die Tauchposition erreicht und das Tauchmanöver durchgeführt worden war, trat nun Ruhe ein. Für ***U 17*** begann nun zunächst ein gemächlicher Transit mit geringer Geschwindigkeit, weil man ja die später aus Ponta Delgada auslaufenden Einheiten ***U 26*** und Versorger ***Meersburg*** herankommen lassen musste.

Nach dem ersten Rendezvous der drei Einheiten nach Verlassen der Azoren etwa 500 Seemeilen südwestlich dieser Inselgruppe, bei dem ***U 17*** seine zerbrochenen Tassen ersetzen konnte, wurde der Transit gemeinsam fortgesetzt. Durch tägliche Übungen wie Personaltransfers, Postbeutelübergaben, MEDEXe (medical exercises), etc. sollte die Motivation der Besatzungen hochgehalten und verhindert werden, dass trotz eintöniger Geschwindigkeit und nahezu konstanten Kurses keine Langeweile aufkam. Auflockerungen innerhalb der Besatzungen brachten ferner Video-Abende für die Freiwache oder Quiz-Erstellungen für die jeweils andere Wachhälfte.

Je näher die Karibik rückte, desto höher wurden Temperatur und Luftfeuchtigkeit; die Temperaturen im Boot stiegen bis auf 45°C und im Motorenraum sogar auf über 70°C. Selbst das Durchlüften der Boote beim Schnorcheln brachte nur wenig Erleichterung. Trotz Anzugserleichterung wurde das Schwitzen zum Dauerzustand, dem aufgrund des restriktiven Umgangs mit Frischwasser auch nur im Abstand von mehreren Tagen und dann nur für einen kurzen Moment abgeholfen werden konnte: Der Schweiß floss nach dem Duschen schon beim Abtrocknen wieder. Selbst nächtliches Auftauchen brachte keine Erleichterung; Temperatur und Luftfeuchtigkeit waren selbst nachts erdrückend. Für Entschädigung sorgte dann nur der Blick in den Nachthimmel, an dem man das „Kreuz des Südens“ erkennen konnte.

Nach mehr als zweiwöchigem Transit erreichte der Verband endlich das ersehnte Ziel auf Puerto Rico, die US-Marinebasis Roosevelt Roads. Hier galt es, die Boote materiell auf die kommenden Aufgaben sowie die OPZ-Besatzungen auf das bevorstehende Manöver **DESEX 971** (vorzubereiten. Hierzu hatte die Besatzung von ***U 17*** die Einschiffung von US Special Forces aus Fort Bragg / South Carolina zu organisieren. Die Besatzungen hatten während dieses zehntägigen Hafenaufenthaltes in Roosevelt Roads die Möglichkeit, sich ordentlich zu erholen – die Unterbringung in den gut klimatisierten Hotelzimmern der Navy Lodge trug hierzu das Ihrige bei.

DESEX 971 und Routine Visit in der Inselhauptstadt San Juan

Gut erholt und vorbereitet verließen ***U 17*** und ***U 26*** mit der ***Meersburg*** am 12. Mai 1997 Roosevelt Roads. Nachdem ***U 17*** die eingeschifften US Special Forces in ihr Einsatzgebiet verbracht und dort verdeckt hat-

U 17 vor Puerto Rico mit US Special Forces aus Fort Bragg / South Carolina (USA) an Oberdeck. (Foto: Archiv Autoren)

te anladen lassen, begaben sich beide Uboote zur Teilnahme am Manöver **DESEX 971** (Destroyer Exercise) in die zugewiesenen Tauchgebiete. Dort operierten sie unter hoher Luftbedrohung durch amerikanische UJagd-Flugzeuge gegen multinationale Überwasserverbände, die sich aus amerikanischen, britischen, niederländischen und deutschen Zerstörern, Fregatten und Versorgungseinheiten zusammensetzten.

Nach Ende des Manövers steuerte der Verband San Juan auf Puerto Rico an. Der von ***U 26*** übernommene Hafenlotse entpuppte sich als absoluter Fan deutscher Uboote. Vor mehreren Tagen hatte er erfahren hatte, dass er ein deutsches Uboot in den Hafen von San Juan lotsen sollte. Danach habe er nach eigener Aussage nächtelang nicht schlafen können und in kurzer Zeit zahlreiche Filme und Bücher über dieses Thema verschlungen. Ferner berichtete er, dass man die „Ubootnetze" extra entfernt hätte, damit die deutschen Uboote als Freunde einlaufen könnten. Danach verschwand er im Boot und besichtigte es. Die Frage, ob er denn zum Einlaufen nicht auf der Brücke bleiben wolle, verneinte er und meinte trocken, er wolle sich das Boot weiter ansehen, wir würden uns ja schließlich auskennen. So lief ***U 26*** ohne den Lotsen auf der Brücke in San Juan ein. Erst kurz vor Erreichen der Pier erschien dieser wieder überglücklich auf seinem Posten, denn offensichtlich war ihm einen Monat vor seiner Pensionierung ein Lebenstraum erfüllt worden.

Der anschließende dreitägige Hafenaufenthalt diente einer kurzen Erholung der Besatzungen; im Wesentlichen aber wurde er zur Vorbereitung des unmittelbar bevorstehenden Manövers **TACDEVEX 21-97** (Tactical Development Exercise) und späterer sogenannter PASSEXe (Passing Exercises) genutzt. Darüber hinaus fand in San Juan die Final Planning Conference zum Manöver **VERITAS III** statt, an der die OPZ-Teams beider Uboote teilnahmen.

Auf dem Weg nach Washington D.C. – TACDEVEX 21-97 und B-PASSEX

Am 19. Mai 1997 verließ der **SUBEX**-Verband, jetzt unter Führung von Fregattenkapitän Siegfried Schneider, dem damaligen Kommandeur 1. Ubootgeschwader, San Juan. Zunächst stand bis zum 23. Mai 1997 das Manöver **TACDEVEX 21-97** auf dem Programm, in dem beide Uboote erneut auf viele der bereits aus **DESEX 971** bekannten Überwassereinheiten trafen. Im Mittelpunkt von **TACDEVEX 21-97** jedoch stand die Duell-Situation mit der ***USS Augusta*** (Los Angeles-Klasse). Dieses erste Aufeinandertreffen mit einem amerikanischen *Nuke* im Rahmen der AAG 408/97 stellte für beide Uboot-Besatzungen eine besondere Herausforderung und das Warm Up für das sechs Wochen später beginnende Manöver **VERITAS III** dar. Insgesamt meisterten beide Uboote, wie die eingeschifften Searider bescheinigten, ihre Manöveraufgaben in der Karibik sehr erfolgreich, wobei ***U 26*** im Duell mit der ***USS Augusta*** etwas glücklicher operierte.

Nach einem fordernden Übungsprogramm begann der Transit an die US-Ostküste. Dort „warteten" zahlreiche Seefernaufklärer der US Navy, die im Rahmen einer PASSEX-Serie vom 27. bis zum 30. Mai 1997 ihre Kenntnisse und Fähigkeiten in der UJagd insbesondere gegen kleine

UJagd-Flugzeug Lockheed P-3P Orion der portugiesischen Luftwaffe. (Foto: Archiv Autoren)

konventionelle Uboote vertiefen wollten und hierzu eine nahezu ununterbrochene Uboot-Bedrohung aufgebaut hatten. Allerdings waren die UJäger vom Typ Lockheed ***P-3C Orion*** nur dann erfolgreich, wenn die Uboote eine Detektion provoziert hatten.

Die restliche Etappe, die die Besatzung wieder in klimatisch angenehmere Breiten führte, verlief mit Ausnahme eines Entstehungsbrandes im Motorenraum an Bord von ***U 17***, den dessen Besatzung dank guter Ausbildung sehr schnell in den Griff bekam, relativ ruhig und diente der Vorbereitung der navigatorisch anspruchsvollen Fahrt den Potomac hinauf nach Washington D.C. Nach einem kurzen Zwischenstopp in Norfolk / Virginia machte der Verband am 4. Juni 1997 vor den Toren der amerikanischen Hauptstadt mit Sicht auf das Capitol in Alexandria fest.

Bereits Monate zuvor bei der Planung in Deutschland hatte die Ubootflottille darauf hingewiesen, in Alexandria ausreichend Liegeplätze zugewiesen zu bekommen, um die Uboote für die Öffentlichkeit sichtbar zu präsentieren. Aus verschiedenen Gründen wurde diesem Wunsch nicht nachgekommen, die Boote mussten im Päckchen längsseits der ***Meersburg*** liegen und waren somit von Land her nicht zu sehen.
So kam es dann auch, dass bei einem Empfang auf dem Achterschiff der ***Meersburg*** ein durchaus hochrangiger – jedoch nicht maritimer – Gast fragte, wo denn die deutschen Uboote seien. Man ging mit ihm zur Reling und zeigte nach unten. Daraufhin fragte er, wie denn die Boote über den Atlantik gekommen seien; sie würden doch gar nicht in dieses Schiff passen! Es versetze ihn schon in Staunen, dass diese kleinen Uboote auf eigenem Kiel bis in die USA gefahren waren.
Am nächsten Tag gab es ein Open Ship für VIPs. Es drängte sich gefühlt das halbe Pentagon durch die Boote. Sehr überrascht war die Besatzung ***U 26***, als eine mit Bermuda Shorts, Flip-Flops und bunter Strandbluse bekleidete Dame in der OPZ fragte, wo denn die EDO 900 sei. Diese Minenmeide-Sonaranlage kennt selbst in der Deutschen Marine kaum jemand. Später stellte sich heraus, dass die Dame die Leiterin der Abteilung „Nicht-nukleare Uboote Europa“ im Pentagon war.
Der Besuch in Washington D.C. diente auch dazu, der Weltöffentlichkeit im Rahmen des in der amerikanischen Hauptstadt stattfindenden Symposiums „German Submarines to Sixteen Friendly Navies“ die Leistungsfähigkeit und das breite Einsatzspektrum deutscher Uboote zu präsentieren.

Nach fünftägigem Aufenthalt in der amerikanischen Hauptstadt, der für die Besatzungen viel Interessantes und Sehenswertes bot, verlegte der Verband am 9. Juni 1997 nach Groton/Connecticut in die Uboot-Basis der US Navy. Mit großer Vorfreude erwarteten die Besatzungen das dortige Einlaufen am 13. Juni 1997, denn im Rahmen einer geplanten Familienzusammenführung warteten dort bereits viele Angehörige. In Anwesenheit ihrer Familien konnten die Besatzungsangehörigen zwölf Tage regenerieren. Gleichzeitig fand ein reger Austausch mit der Besatzung der nukleargetriebenen ***USS Memphis*** (SSN-691, Los Angeles-Klasse) statt, dem Duell-Gegner im bevorstehenden einwöchigen Manöver **VERITAS III**.

Hafenbesuch in New York als Belohnung für erfolgreiche Teilnahme an VERITAS III

Am 25. Juni 1997 hieß es für den Verband der Ubootflottille, jetzt unter Führung von Fregattenkapitän Frank Bartholomeyczik, dem damaligen Kommandeur 3. Ubootgeschwader, wieder „Leinen los!“. Unmittelbar nach Auslaufen aus Groton / Connecticut und nachdem Neuengland hinter dem Horizont verschwand, begann die anspruchsvolle Aufgabe, bei **VERITAS III** im Uboot-Duell mit der ***USS Memphis*** zu bestehen. Hierzu wurden an Bord der Uboote zahlreiche Maßnahmen zur Verbesserung der Geräuschhygiene ergriffen. So durften Befehle nur noch im Flüsterton weitergegeben werden. Das Duschen während der Manöverphasen war tabu. Bei vermuteten Annäherungen war selbst die Benutzung der Toilettenspülung untersagt, ebenso wurde auf das tägliche Reinschiff in solchen Phasen verzichtet. Eine derartige Geräuschdisziplin über sieben Tage durchzuhalten, bedeutete für die Besatzungen der beiden Uboote eine große Belastung. Die spätere Manöverauswertung bewies dann aber auch, dass sich diese Anstrengungen letztendlich gelohnt hatten, denn auch bei **VERITAS III** schnitten die Uboote der ***Klasse 206A*** im Vergleich zur ***Los Angeles-Klasse*** hervorragend ab. Die Leistungen der deutschen Ubootbesatzungen überzeugten auch

UJagd-Flugzeug Lockheed P-3P Orion der portugiesischen Luftwaffe. (Foto: Archiv Autoren)

USS Memphis (SSN-691). (Foto: Archiv Autoren)

die amerikanischen Übungspartner, vor allem die Schwerortbarkeit der ***Klasse 206A*** beeindruckte sie. Mehrfach konnte in dieser Übung die speziell mit zusätzlichen Unterwassersensoren de facto zu einem AGI ausgerüstete ***USS Memphis*** detektiert und einige Male sogar eine Schusslösung ermittelt werden.

Nach Abschluss des Manövers verlegte der Verband direkt nach New York, wo er nach Passieren der Freiheitsstatue am 2. Juli 1997 in unmittelbarer Nähe des *Intrepid Sea-Air-Space-Museum* an Pier 86 mitten in Manhattan festmachte. Für diesen Hafenbesuch stieß die Fregatte ***Brandenburg*** (F-215) zum Verband der Ubootflottille.
„Submarines surface for the Fourth", titelte damals die *Daily News*. Denn die Feierlichkeiten zum amerikanischen Unabhängigkeitstag am 4. Juli umrahmten einen ereignisreichen, bis heute nicht vergessenen Hafenbesuch. 4.000 Besucher konnten an drei Tagen beim *Open Ship* gezählt werden. Die Besatzungen nutzten ihre Freizeit u.a. zu Besuchen des Empire State Building, des (damals noch existierenden) World Trade Center, von Museen, eines Broadway Musical oder zu Einkäufen in einer der zahlreichen Shopping Malls – und natürlich zur Erholung.

„Good-bye, USA!" – Rücktransit via Ponta Delgada nach Eckernförde

Am 7. Juli 1997 trat der Verband der Ubootflottille nach fünf erlebnisreichen Tagen in New York den ohne nennenswerte Ereignisse verlaufenden Rücktransit über den Atlantik nach Deutschland an. Nach einem erneuten dreitägigen Bunkerstopp (22. bis 25. Juli 1997) in Ponta Delgada auf den Azoren erreichten die beiden Uboote ***U 17*** und ***U 26*** am 5. August 1997 nach 93 See- und 35 Hafentagen sowie nach über 12.000 Seemeilen ihren Heimathafen Eckernförde. Dort wurden sie vom Marinemusikkorps Ostsee feierlich begrüßt. Hunderte von Angehörigen und Kameraden bereiteten den Besatzungen einen begeisterten Empfang.

Als Fazit dieses ersten Transatlantikunternehmens nach dem Zweiten Weltkrieg lässt sich festhalten, dass die Uboote der ***Klasse 206A*** trotz ihres bereits relativ hohen Alters – die Indienststellung beider Uboote lag zum damaligen Zeitpunkt bereits nahezu 25 Jahre zurück – selbst unter klimatisch fordernden Bedingungen, abgesehen von kleineren Ausfällen, eine hohe Leistungs- und Durchhaltefähigkeit nachweisen konnten. Bei Hitze und tropischer Feuchtigkeit wussten die Besatzungen während aller Manöver stets zu überzeugen und erzeugten bei den amerikanischen Partnern einen nachhaltigen Eindruck. Für den Bau und den späteren Einsatz der ***Klasse 212A*** konnten lehrreiche Schlüsse aus der **AAG 408/97 – SUBEX `97** gezogen werden.

Beeindruckend liest sich die Statistik dieser AAG:

Seemeilen (aufgetaucht):	4.015,7 sm
Seemeilen (getaucht):	8.234,0 sm
Kraftstoffverbrauch:	134.570 l
Seestunden:	2.083,9 h
davon Tauchzeit:	1.367,5 h
Schnorchelzeit:	250,1 h
Überwassermarsch:	466,3 h

Epilog

Sowohl ausbildungstechnisch für die Besatzungen der Uboote als auch für die repräsentative Darstellung der Deutschen Marine im NATO-Bündnis sowie für die Öffentlichkeitsarbeit und Nachwuchsgewinnung der Ubootflottille war **SUBEX '97** ein riesiger Erfolg. Die Marineführung forderte Wiederholungen.

Schon 1999 wurde **SUBEX `99** durch Fregattenkapitän Michael Setzer als Kommandeur, einem weiteren Co-Autor dieses Buchbeitrages, geplant und mit ***U 15*** (Kapitänleutnant Joachim Brune), ***U 25*** (Kapitänleutnant Andreas Giesecke) sowie Versorger ***Meersburg*** (Kapitänleutnant Malte Trapp) vom 23. Februar bis 15. Juli 1999 durchgeführt. Zwei Jahre später (2. Februar – 12. Juni 2001) folgte dann unter der Planungsverantwortung von Fregattenkapitän Matthias Faermann mit ***U 24*** (Korvettenkapitän Burkhard Nisius) und ***U 28*** (Kapitänleutnant Markus Zickermann) sowie dem Versorger ***Meersburg*** das **SUBEX 2001**.

SUBEX 01 - USS Enterprise im Fadenkreuz des Sehrohrs U 24. (Archiv Faermann)

Abgestützt auf Roosevelt Roads wurden 1999 und 2001 sehr erfolgreiche Torpedoschießabschnitte mit deutschen, britischen, amerikanischen, kanadischen und kolumbianischen Übungsgegnern durchgeführt. *„German U-boats rule the Caribbean"* titelten die amerikanischen Zeitungen. 1999 wurde dem deutschen CTG, Fregattenkapitän Michael Setzer, neben den deutschen Ubooten in einem Manöver erstmals ein SSN, die ***USS Newport News***, unterstellt. 2001 entstanden die beeindruckenden Sehrohraufnahmen der ***USS Enterprise***, als der Flugzeugträger am gemeinsamen Manöver teilnahm und (simuliert) angegriffen wurde, ohne etwas von der Anwesenheit des deutschen Ubootes zu ahnen.

Neben zahlreichen kleineren Übungen, den Torpedoschießabschnitten und Manövern der **VERITAS**-Serie waren insbesondere auch die Hafenbesuche 1999 in Ponta Delgada, Roosevelt Roads, Norfolk, Annapolis, Groton, Boston, Halifax und Reykjavik sowie 2001 in Madeira, Roosevelt Roads, Nassau, Norfolk, Groton und Faslane und die damit verbundene „Diplomatie in Blau" in den jeweiligen Staaten wichtige Erfolge.

Wolfgang Müller-Seedorf
(1997: Kommandant U 17)

Michael Setzer
(1982: II WO U 25, 1995: Einsatzplaner UFltl,
1999 Kdr 3.UGschw)

Achim Zaouer
(1997: Kommandant U 26)

Sticker SUBEX 99. (Foto: Archiv Autoren)

Aufnäher SUBEX 01. (Foto: Archiv Autoren)

Quellennachweis zum Teil 1

Breyer, Siegfried / Koop, Gerhard
- Die Schiffe und Fahrzeuge der deutschen Bundesmarine 1956-1976, München, 1978

Breyer, Siegfried / Koop, Gerhard
- Die Schiffe, Fahrzeuge und Flugzeuge der deutschen Marine von 1956 bis heute, Bonn, 1996

Ewerth, Hannes
- Die Ubootflottille der Deutschen Marine von 1957 bis heute, Hamburg, 2001
- Die U-Flottille der deutschen Marine, Herford, 1988

Gabler, Ulrich
- U-Bootbau, Koblenz, 1978

Gröner, Erich / Schenk, Peter / Kramer, Reinhard
- Die deutschen Kriegsschiffe 1815-2015 - Band 9/1 - Die Schiffe und Boote der Bundesmarine, ihrer Vorgänger nach 1945 und der Deutschen Marine, Berlin, 2019

Jeschonek, Gert
- Bundesmarine 1955 bis heute, Koblenz, 1975

Jong, Ernst de
- Größere Sicherheit für deutsche Uboote, in Köhlers Flotten-Kalender 1985, Herford, 1984

Karr, Hans
- Deutsche Uboote seit 1945, Stuttgart, 2014
- Enzyklopädie der Bundesmarine 1956-1990, Stuttgart, 2019

Rössler, Eberhard
- Die neuen deutschen U-Boote, Bonn, 2004
- Die Sonaranlagen der deutschen Unterseeboote, Bonn, 2006
- Die Torpedos der deutschen U-Boote, Hamburg, 2005
- Die U-Bootklasse 206 / 206A der Deutschen Marine, Hamburg, 2012
- Geschichte des deutschen Ubootbaus - Band 2 - Entwicklung, Bau und Eigenschaften der deutschen Uboote 1943 bis heute, Koblenz, 1987

Rössler, Eberhard / Emsmann, Hans-Jochen
- Vom Original zum Modell: Ubootklasse 205 Bundesmarine, Bonn, 1996

WEITERE INTERESSANTE BÜCHER ZUM THEMA

Stefan Ulsamer schafft in diesem Band einen Überblick über die aktiven Flugzeugträger der Welt, von der US-amerikanischen Nimitz-Klasse und der russischen Admiral-Kusnezow-Klasse bis zu den Schiffen der Royal Navy. Dabei werden die Schiffe sowie deren Einsatzprofile vorgestellt.

224 Seiten, 433 Abb., 230 x 265 mm
ISBN 978-3-613-04605-4
€ 39,90 / € (A) 41,10

Heute betreiben die USA mit rund 70 Einheiten die größte U-Boot-Flotte der Welt. Marine-Experte und Fachbuchautor Lutz A. Kowalzick stellt in diesem Buch die atomar angetriebenen U-Boote aller Klassen der U.S Navy vor, von den Anfängen bis zur Gegenwart.

128 Seiten, 204 Abb., 230 x 265 mm
ISBN 978-3-613-04660-3
€ 24,90 / € (A) 25,60

Nach dem Krieg entstand die Kriegsmarine sowohl als Bundesmarine in Westdeutschland als auch als Volksmarine in Ostdeutschland neu. Hans Karr untersucht die Organisation, Ausbildungstätigkeit sowie die unterschiedlichen Aufgaben der Bundesmarine und ihrer Vorgängerorganisation.

304 Seiten, ca. 380 Abb., 230 x 265 mm
ISBN 978-3-613-04219-3
€ 29,90 / € (A) 30,80

Hans Karr dokumentiert die wichtigen waffentechnologischen Entwicklungen bis zum Zweiten Weltkrieg. Er betrachtet alles von den U-Booten und Überwasser-Kräften bis zum Bedeutungswandel des Schlachtschiffes, das durch den Flugzeugträger bald nur noch als Museumsstück taugte.

256 Seiten, ca. 250 Abb., 230 x 265 mm
ISBN 978-3-613-04516-3
€ 34,90 / € (A) 35,90

Leseproben zu allen Titeln auf unserer Internetseite

Stand September 2024
Änderungen in Preis und Lieferfähigkeit vorbehalten.

Überall, wo es Bücher gibt, oder unter
WWW.MOTORBUCH-VERSAND.DE
Service-Hotline: 0711 / 78 99 21 51

Motor buch Verlag

WEITERE INTERESSANTE BÜCHER ZUM THEMA

Ob Traktor oder Dampfmaschine: Großgerät fasziniert, und Panzer sind ganz besondere Publikumsmagnete - wie die jährlich wachsenden Besucherzahlen bei Veranstaltungen und Treffen beweisen. Früher verbreiteten die eisernen Kolosse Angst und Schrecken, doch aus den gefürchteten Technik-Veteranen wurden viel bestaunte Museumsstücke. Weil die aber nicht an jeder Ecke zu finden sind, hat Alexander Losert die besten, größten und spektakulärsten Panzermuseen Europas porträtiert. Von Bovington bis Wien und von Munster bis Kubinka stellt der versierte Waffenexperte die unterschiedlichen Ausstellungen und ihre Exponate vor, spricht mit Kuratoren und Museumschefs und gibt Tipps für den Besuch.

192 Seiten, ca. 150 Abb., 140 x 205 mm
ISBN 978-3-613-04658-0
€ 24,90 / € (A) 25,60

Leseproben zu allen Titeln auf unserer Internetseite